La antigu

Guía de los dioses, diosas, deidades, titanes y héroes griegos clásicos: Zeus, Poseidón, Apolo y otros (Libro para jóvenes lectores y estudiantes)

Por Student Press Books

Índice de contenidos

Introducción

Conoce a los antiguos dioses griegos - Mitología para mayores de 12 años.

Bienvenido a la serie Mitología cautivadora. Este libro presenta a los **dioses, diosas, deidades, titanes** y otras criaturas mitológicas de la antigua Grecia; presenta los perfiles de los dioses, diosas, semidioses, deidades, titanes y héroes más comunes de las antiguas tierras griegas.

Zeus, padre de los dioses y diosas. Hermes, el veloz mensajero de Zeus. Afrodita... entra en el mundo de la antigua mitología griega. Los dioses son una deidad sagrada, que para muchos de nosotros es el máximo poder divino en el mundo.

Las historias que hoy conocemos proceden de escritores y artistas que vivieron hace siglos, y a menudo contaban sus historias con personajes extraños y giros argumentales sorprendentes. Este libro recoge algunas de esas rarezas, al mismo tiempo que te ayudará a conocer a todas tus deidades favoritas. Hoy el mundo es un lugar diferente, y este libro te hablará en un lenguaje sencillo de los dioses, diosas, deidades y titanes de la antigua Grecia. ¡Los dioses son los seres más poderosos de la antigüedad!

Conocer rápidamente el complejo mundo de los antiguos dioses y diosas griegos es una tarea ardua. Sus breves explicaciones van acompañadas de ilustraciones que invitan a la reflexión, ¡Ideal para que te resulte sencillo recordar las pequeñas curiosidades que te ha enseñado tu profesor en clase!

Una cosa es saber quiénes son las diferentes deidades, pero ¿Comprender su importancia? Eso es algo totalmente distinto, pero este libro te lo pondrá mucho más fácil.

Este libro de la serie Mitología cautivadora **abarca:**

- Mitología griega: Descubre las creencias de los antiguos griegos sobre la muerte, el más allá, los sacrificios, los templos y los inmortales.

- Fascinantes biografías de los dioses griegos: Lee sobre estos dioses y diosas y sus poderes.
- Retratos vívidos: haz que estos dioses cobren vida en tu imaginación con la ayuda de estimulantes imágenes.

Sobre la serie: La serie Mitología cautivadora de **Student Press Books** presenta nuevas perspectivas sobre los dioses antiguos que inspirarán a los jóvenes lectores a considerar su lugar en la sociedad y a aprender sobre la historia.

Tu regalo

Tienes un libro en tus manos.

No es un libro cualquiera, es un libro de Student Press Books. Escribimos sobre héroes negros, mujeres empoderadas, mitología, filosofía, historia y otros temas interesantes.

Ya que has comprado un libro, queremos que tengas otro gratis.

Todo lo que necesita es una dirección de correo electrónico y la posibilidad de suscribirse a nuestro boletín (lo que significa que puede darse de baja en cualquier momento).

¿A qué espera? Suscríbase hoy mismo y reclame su libro gratuito al instante. Todo lo que tiene que hacer es visitar el siguiente enlace e introducir su dirección de correo electrónico. Se le enviará el enlace para descargar la versión en PDF del libro inmediatamente para que pueda leerlo sin conexión en cualquier momento.

Y no te preocupes: no hay trampas ni cargos ocultos; sólo un regalo a la vieja usanza por parte de Student Press Books.

Visite este enlace ahora mismo y suscríbase para recibir un ejemplar gratuito de uno de nuestros libros.

Link: https://campsite.bio/studentpressbooks

Mitología griega

Este conjunto de historias de la antigua Grecia incluye muchos relatos sobre los dioses y la naturaleza del universo. Las historias contadas por poetas como Homero y Hesíodo formaban una parte importante de la cosmovisión religiosa de los antiguos griegos. Sin embargo, la mitología griega y la religión no son exactamente lo mismo. La religión griega consistía en las creencias y prácticas religiosas, como oraciones y rituales, de los antiguos griegos.

Las costumbres religiosas de la antigua Grecia variaban mucho de un lugar a otro y entre las distintas clases. Sin embargo, la religión griega se caracterizaba por dos rasgos: la creencia en una multitud de dioses semejantes a los humanos bajo un dios supremo y la ausencia de dogmas, es decir, de cosas que una persona debe creer para ser considerada piadosa. En algunas religiones, hay ciertas creencias que se deben mantener para ser miembro de la fe. En la antigua Grecia, bastaba con creer que los dioses existían y realizar los rituales y sacrificios que los honraban. La religión no se basaba en un texto sagrado.

Los orígenes de la religión griega se remontan a tiempos muy antiguos. El dios del cielo Zeus, por ejemplo, era adorado ya en el segundo milenio a.C. Sin embargo, la forma establecida de la religión duró desde la época del poeta Homero (alrededor del siglo IX u VIII a.C.) hasta aproximadamente el siglo IV d.C., cuando la religión de Grecia comenzó a ser eclipsada por la de la Roma imperial.

Cuando los griegos tenían un gran número de puestos de avanzada coloniales, su religión se extendió hasta el oeste de España y hasta el este del río Indo, en el sur de Asia. La religión griega tuvo una gran influencia en la religión romana, y los romanos identificaron a muchos de sus dioses con los griegos. Algunos héroes y deidades griegos también sobrevivieron más tarde como santos bajo el cristianismo. Cuando el arte y la literatura griegos fueron redescubiertos durante el Renacimiento europeo, los artistas y escritores occidentales incorporaron la mitología griega a sus obras. Así, la religión de la antigua Grecia ha tenido un enorme impacto en la cultura occidental.

Los dioses griegos

Los antiguos griegos tenían numerosos dioses que encarnaban o controlaban diversas fuerzas naturales y sociales. Por ejemplo, el dios Poseidón personificaba el mar y lo gobernaba. Afrodita, la diosa del amor, podía llenar de amor a sus adoradores. Los reinos de otras deidades incluían la guerra, la música, el fuego, las estaciones, la justicia y el parto, por nombrar sólo algunos.

En el panteón griego predominaba una familia de 12 dioses principales que se creía que vivían en el monte Olimpo. Estos dioses olímpicos principales eran Zeus, el dios supremo; Hera, su esposa; y Afrodita, Apolo, Ares, Artemisa, Atenea, Deméter, Hefesto, Hermes, Hestia y Poseidón. Otras deidades importantes, como Dionisio, también se consideraban dioses olímpicos. La mayoría de las historias que se cuentan de estos dioses les atribuyen deseos y acciones similares a los humanos, aunque eran inmortales y a menudo tenían grandes poderes.

También había otros tipos de dioses. Aunque los campesinos de las comunidades rurales podían ofrecer sacrificios a los dioses del Olimpo, muchos estaban en realidad más relacionados con dioses rurales como Pan y con las ninfas y los espíritus de la naturaleza. Otras deidades adoradas en la antigua Grecia eran los dioses ctónicos, o dioses que controlaban el inframundo, los muertos y la fertilidad de la tierra.

La muerte y el más allá

En la antigua creencia griega, para que un muerto tuviera una vida después de la muerte, el cuerpo debía recibir al menos un entierro rudimentario. El dios Hermes conducía entonces a los muertos al inframundo. Sin embargo, el río Estigia impedía el paso de los muertos. Un barquero, Caronte, los transportaba, y se colocaban monedas en las bocas de los cadáveres para pagar su tarifa. El inframundo se llamaba a menudo Hades, porque era el reino del dios Hades.

En los primeros tiempos, el más allá se consideraba una existencia sombría y sin alegría, aunque el inframundo no era un lugar de castigo en su mayor parte. Sólo algunos raros pecadores, como Ixión, Sísifo y Tántalo, que habían ofendido personalmente a los dioses, eran castigados allí. Sin embargo, sólo unos pocos héroes a los que los dioses favorecían se les permitía entrar en el paraíso conocido como Elysium. Más tarde, se creía que cualquier persona que llevara una vida recta podría entrar en el Elíseo.

Los sacrificios en la antigua Grecia

La principal forma en que los antiguos griegos intentaban establecer buenas relaciones con los dioses era el sacrificio de animales (o a veces de productos agrícolas). Los sacrificios se ofrecían a los dioses del Olimpo al amanecer en un altar, que normalmente se encontraba fuera del templo. Un sacrificio representaba un regalo para los dioses, por lo que los animales que se sacrificaban debían estar inmaculados. Se rezaba, se realizaban ritos y se mataba al animal, que se colocaba en el fuego. Algunas partes se quemaban y se ofrecían a los dioses. El sacerdote y los fieles comían el resto de la carne en una alegre comida. Se ofrecían diferentes animales a varias deidades, por ejemplo, vacas a Hera, toros a Zeus y cerdos a Deméter. A algunos dioses se les ofrecían productos agrícolas como granos, verduras o frutas.

También se hacían sacrificios a los dioses ctónicos. Estos sacrificios eran de animales negros y se realizaban por la noche. Debido al peligro inherente que rodea a los dioses ctónicos, se ofrecía todo el animal en el sacrificio y no se comía ninguno.

Cualquier persona podía realizar sacrificios a los dioses en cualquier momento del año. Además, los sacrificios públicos se realizaban regularmente en varios festivales a los diferentes dioses. En los festivales, todos los ciudadanos de un pueblo o ciudad podían adorar y sacrificar juntos. A menudo se celebraban procesiones y rituales, así como simulacros de lucha y competiciones atléticas.

Templos y santuarios en la antigua Grecia

En épocas muy tempranas, los dioses solían ser venerados en lugares naturales impresionantes, como arboledas, cuevas y cimas de montañas. Desde la época de Homero se conocían simples templos de madera que albergaban la estatua de un dios. Más tarde, los templos se hicieron de piedra caliza y mármol y tenían columnas en todos los lados. En su interior se colocaba una estatua del dios.

También había santuarios en los numerosos oráculos, lugares en los que se consultaba a un dios y se le hacían preguntas sobre el futuro. En muchos de ellos, videntes especiales revelaban las respuestas del dios. El santuario oracular más famoso era el de Apolo en Delfos.

Los santuarios menos elaborados se situaban en las tumbas de ciertos hombres considerados héroes. Homero difundió el concepto de héroe, el más grande de los guerreros mortales. Se creía que los héroes muertos podían ayudar a los habitantes de la ciudad en la que estaban enterrados. En las tumbas de estos hombres se ofrecían sacrificios adecuados a los dioses ctónicos.

En la antigua Grecia (y en otros lugares del antiguo Mediterráneo) también se desarrollaron muchas religiones secretas llamadas religiones de misterio. Los ritos de estas religiones sólo se revelaban a sus miembros, que debían ser iniciados en la religión, a menudo por etapas. Las religiones mistéricas ofrecían una relación más personal con lo divino que el culto establecido a los dioses olímpicos. Muchas de ellas prometían a sus miembros la salvación personal y beneficios en la otra vida. También ofrecían un sentido de comunidad: los miembros se reunían en secreto para participar en comidas, bailes y ceremonias comunes, especialmente los ritos de iniciación. Las religiones mistéricas alcanzaron su máxima popularidad en Grecia en los tres primeros siglos ad.

La religión mistérica más famosa fue la de los Misterios Eleusinos, en la ciudad de Eleusis, al oeste de Atenas. Las ceremonias eleusinas se centraban en la historia de Deméter, la diosa del grano, y hacían hincapié en los paralelismos entre el ciclo de crecimiento del grano y el ciclo vital de los seres humanos. A través de los Misterios Dionisíacos, el dios Dionisio era ampliamente adorado en festivales que incluían vino, cantos corales, actividad sexual y mimo. Se creía que el movimiento órfico se basaba en los escritos sagrados del héroe Orfeo sobre la purificación del pecado y los premios y castigos en la otra vida. Exigía a sus miembros la castidad y la renuncia a la carne y el vino.

Inmortales

Dioses y diosas principales

Afrodita
La diosa del amor, la belleza y la fertilidad

Los romanos identificaban a Afrodita con su diosa Venus.

Afrodita era uno de los doce dioses principales que vivían en el Olimpo. En la Ilíada de Homero, se dice que Afrodita es hija de Zeus y Dione, una titán. Otras historias cuentan que surgió, ya crecida, de la espuma del mar cerca de la isla Citera. (Aphros significa "espuma" en griego).

Desde allí, Céfiro, el viento del oeste, la llevó suavemente en una concha hasta Chipre. Allí las Horae (las estaciones) la recibieron, la vistieron y la llevaron ante los dioses.

Todos los dioses -incluso el propio Zeus- querían a esta hermosa diosa como esposa. Algunas historias cuentan que Afrodita era demasiado orgullosa y los rechazó a todos.

Para castigarla, Zeus la hizo casarse con Hefesto, el dios cojo y feo de la forja. Este bondadoso artesano le construyó un espléndido palacio en Chipre.

Afrodita tuvo muchos amantes, entre ellos Ares, el apuesto dios de la guerra. Sus hijos con Ares fueron Harmonia, los gemelos guerreros Fobos y Deimos, y Eros, el dios alado del amor.

Siempre dispuesta a ayudar a los amantes en apuros, Afrodita se apresuraba igualmente a castigar a los que se resistían a la llamada del amor. Eros lanzaba flechas de oro al corazón de los que su madre quería unir en matrimonio. Afrodita también tenía un cinturón mágico que hacía irresistible a su portador, y a veces lo prestaba a otros.

Varias veces se burló de Zeus y de otros dioses haciendo que se enamoraran de doncellas mortales. Por ello, Zeus decretó que se enamorara de Anquises, un pastor de Troya. De esta unión nació Eneas, el mítico antepasado del pueblo romano.

Otro mito famoso que involucra a Afrodita cuenta el juicio de Paris. En un banquete de bodas, la diosa Eris (cuyo nombre significa "lucha") arrojó una manzana de oro con la inscripción "A la más bella". Tres diosas -Hera, Atenea y Afrodita- reclamaron ser la más bella y merecer así la manzana.

Para zanjar el asunto, Zeus hizo que Paris de Troya juzgara cuál de las tres era la más bella. Las tres trataron de sobornarlo con regalos: Hera con poder real, Atenea con poder militar y Afrodita con el amor de la mujer más bella.

Paris concedió la manzana a Afrodita. A cambio, ella le ayudó a conquistar a la bella Helena de su marido, el rey de Esparta. Esto condujo al estallido de la Guerra de Troya.

Afrodita era venerada principalmente como diosa del amor humano y la fertilidad. También era muy venerada como diosa de la naturaleza. Como venía del mar, los marineros le rezaban para que calmara el viento y las olas. Los principales centros de culto eran Chipre y Citera.

Los poetas de la antigua Grecia cantaban a menudo las alabanzas de la diosa del amor. Los escultores clásicos esculpieron innumerables figuras de ella. La estatua más célebre de Afrodita en la antigüedad fue la esculpida por Praxíteles en Cnidus, en la costa de Asia Menor.

Preguntas de investigación

1. ¿Cuál era el instrumento favorito de Afrodita?
2. ¿Qué diría que es lo que más destaca de Afrodita y su mitología?
3. ¿Cuál es su dios griego favorito?

Apollo
El dios de la luz, la juventud, la belleza, la poesía y la música

Convertido en uno de los principales dioses de Roma por el emperador Augusto. Los romanos consideraban a Apolo principalmente como un dios de la curación, que comenzó a adorarlo durante una epidemia en el año 431 a.C. aproximadamente. Posteriormente, el emperador Augusto lo convirtió en uno de los dioses principales de Roma. El emperador lo consideraba su deidad protectora e hizo construir un magnífico templo en su honor.

Apolo era uno de los dioses más venerados e influyentes. Tenía numerosas funciones. En los banquetes que se celebraban en el Olimpo, encantaba a los dioses tocando la lira, un instrumento musical parecido al arpa.

Apolo también era adorado como guardián de la salud, de las cosechas y de los rebaños y manadas de animales. Más tarde, por confusión con Helios, pasó a ser considerado el dios del sol.

Apolo era también el dios de la profecía, y se decía que revelaba el futuro a los humanos a través de su oráculo en Delfos. En esta y otras funciones, se le asociaba con el temor y el terror que inspiraban los dioses y la gran distancia que los separaba de los humanos. Utilizaba su arco de plata y sus flechas de oro para golpear a sus objetivos desde lejos.

Apolo comunicaba la voluntad de Zeus y presidía la ley religiosa y civil. También hacía que la gente fuera consciente de su culpa y la purificaba. Se decía que incluso los otros dioses le temían.

Apolo era hijo de Zeus y de la titán Leto y hermano gemelo de Artemisa. Se dice que nació en la isla de Delos, en el mar Egeo.

Una de las primeras hazañas del joven Apolo fue la de matar a la serpiente mortal Pitón. Ningún humano se atrevía a acercarse a la bestia, que vivía en las laderas del monte Parnaso, en el centro de Grecia. Apolo utilizó su arco y sus flechas para matar a Pitón.

El lugar donde Apolo mató a la serpiente pasó a llamarse Delfos, y allí el dios estableció el más famoso de sus oráculos. En Delfos su sacerdotisa daba a conocer el futuro a quienes la consultaban. Bajo la inspiración de Apolo, orientaba en cuestiones de enfermedad, guerra y paz, y en la construcción de colonias. Para ello, entraba en trance, y las palabras y sonidos que entonces emitía eran interpretados por los sacerdotes.

En recuerdo de su victoria sobre Pitón, se creía que Apolo había iniciado los Juegos Píticos, que se celebraban en Delfos cada cuatro años. Los ganadores de las competiciones musicales y atléticas eran coronados con coronas de hojas de laurel, que se asociaban a Apolo debido a un mito sobre uno de sus amores.

Cuando Apolo persiguió a la casta ninfa Dafne, ésta huyó y pidió ayuda a su padre, un dios del río. Para salvarla de Apolo, su padre la transformó en un árbol de laurel. A partir de entonces, todos los laureles fueron sagrados para Apolo. Muchos otros amores del dios también acabaron en tragedia.

Cuando Casandra rechazó sus avances, la maldijo para que hiciera profecías verdaderas que nadie creería. Cuando su amante Coronis le fue infiel, hizo que Artemisa la matara con una flecha. Por Coronis, Apolo fue el padre de Asclepio, el dios de la medicina.

Los artistas antiguos solían representar a Apolo como un hermoso joven con el pelo largo, a menudo anudado sobre la frente, coronado con una corona de laurel y portando su lira o arco. La estatua más famosa de Apolo es el Belvedere, una copia romana de un original griego de bronce que se encuentra en el Museo Vaticano de Roma.

Preguntas de investigación

1. ¿Quién te gusta más, Apolo o Hermes?
2. ¿De qué dios o diosa te gustaría más ser amigo?
3. Si pudieras cambiar una cosa de los dioses y diosas griegos, ¿qué sería?

Ares
El dios de la guerra

Ares estaba asociado al dios romano Marte.

Ares era una de las doce deidades principales que vivían en el Olimpo. A menudo se le representaba en el arte como un guerrero, portando una lanza y llevando un casco y una armadura. Ares representaba los aspectos salvajes, sangrientos y destructivos de la batalla, en contraste con los aspectos más civilizados de la estrategia militar, la habilidad y la justicia representados por la diosa de la guerra Atenea.

Nunca fue un dios muy popular, Ares no era muy adorado. Según los poetas griegos a partir de Homero, no era muy querido por los demás dioses, incluidos sus padres, Zeus y Hera. Le acompañaban en la batalla sus hijos Fobos (cuyo nombre significa "pánico") y Deimos ("derrota") y su hermana Eris ("lucha").

No hay muchos mitos sobre Ares. Se dice que era físicamente fuerte, feroz y guapo. Era el amante de Afrodita, la diosa del amor, que estaba casada con Hefesto, el dios cojo de la forja. Un día, Helios, el dios del sol que todo lo ve, vio a los dos amantes juntos y se lo dijo a Hefesto.

Para atraparlos, Hefesto creó una red invisible de cadenas sobre su cama. Cuando Ares y Afrodita quedaron atrapados en la red, el enfurecido Hefesto llamó a los demás dioses, que se rieron del espectáculo.

Ares y Afrodita tuvieron varios hijos: Fobos, Deimos, Harmonia y Eros, el dios del amor. Con otras diosas y mujeres mortales, tuvo muchos otros hijos, incluyendo al menos tres de los adversarios del héroe Heracles: Cicno, Licaón y Diomedes de Tracia.

Preguntas de investigación

1. ¿Has estado relacionado con alguno de los dioses?
2. ¿Cuál crees que era su sustancia favorita en la Tierra?
3. ¿Crees que uno de los dioses tenía un loco sentido del humor?

Artemis
La diosa de la caza y de los animales salvajes y la vegetación

Los antiguos romanos la identificaban con su diosa Diana.

En las estatuas y pinturas, Artemisa era representada a menudo con un ciervo o un perro de caza y un arco y un carcaj de flechas. Se decía que bailaba en las montañas, los bosques y los pantanos, normalmente en compañía de sus asistentes, que eran ninfas. Artemisa era hija de Zeus y Leto, una titán, y era hermana gemela de Apolo.

Debido a que Leto dio a luz a Artemisa sin experimentar los dolores del parto, Artemisa era también una patrona de las mujeres que daban a luz. En algunos mitos posteriores, se la asociaba con la Luna (mientras que su hermano, Apolo, se asociaba con el Sol). Era uno de los doce dioses principales que se decía que vivían en el Olimpo.

Artemisa era eternamente virgen, y exigía un alto precio a sus asistentes que rompían su voto de castidad. Algunos mitos cuentan que, cuando Zeus descubrió que una asistente llamada Calisto estaba embarazada, Artemisa la convirtió en un oso y comenzó a cazarla.

Calisto se salvó sólo porque Zeus la llevó a los cielos (o, en algunas historias, fue asesinada por Artemisa). En cualquier caso, Calisto fue colocada en los cielos como una constelación de estrellas, la Osa Mayor, que en latín significa "Osa Mayor". "

Una historia de Artemisa que se representó con frecuencia en el arte y la poesía procede de las Metamorfosis de Ovidio. En este relato, el joven Acteón vio accidentalmente a Artemisa mientras se bañaba.

Artemisa lo transformó en un ciervo, y sus propios sabuesos lo persiguieron y lo mataron. (En otra versión, ofendió a Artemisa al jactarse de que su habilidad como cazador superaba la de ella). La ira de Artemisa puede considerarse una metáfora de la hostilidad de la naturaleza salvaje hacia los humanos.

Artemisa era la diosa favorita de los habitantes de las zonas rurales. En el Peloponeso, se la veneraba como diosa de la vegetación; allí, las doncellas que representaban a las ninfas de los árboles (dríadas) bailaban para adorar a la cazadora virgen.

También se decía que Artemisa gobernaba los lagos y otras aguas, asistida por ninfas acuáticas (náyades). Fuera del Peloponeso, Artemisa se presentaba más a menudo bajo el título de Señora de los Animales y era especialmente la protectora de los animales jóvenes.

Preguntas de investigación

1. ¿Cuál es su dios menos favorito o menos impresionante de Grecia, y por qué?
2. ¿Qué inteligencia de dios se pasa por alto a menudo?
3. ¿Quién era el más poderoso, en su opinión?

Atenea
La diosa de la guerra, la sabiduría y la artesanía

Los romanos identificaban a su diosa Minerva con Atenea.

A menudo llamada Palas Atenea, o simplemente Palas. Era una de las más poderosas de los doce dioses principales que gobernaban el Olimpo.

Según la mitología, Atenea era la hija favorita de Zeus. Se dice que salió de su cabeza ya crecida y vestida con una armadura. La diosa solía aparecer con un casco y portando una lanza y un escudo.

Al igual que su padre, también llevaba la égida mágica: una coraza de piel de cabra, con flecos de serpientes, que producía rayos cuando se agitaba. Atenea estaba asociada con la serpiente y el búho. Normalmente se la representaba como una diosa virgen, pero no tenía hijos.

Atenea era muy diferente del dios de la guerra Ares, que se asociaba con la furia sin sentido y los aspectos brutales de la batalla. Diosa de la razón y de la guerra, representaba el lado intelectual y civilizado de la guerra; no era tanto una luchadora como una sabia y prudente consejera militar. También se la asociaba con la justicia, la gloria y la habilidad en la batalla.

Atenea era sabia no sólo en las artes de la guerra, sino también en las de la paz, las de la civilización. Se supone que inventó el arado y enseñó a los hombres a unir bueyes.

A diferencia de Artemisa, que se consideraba una diosa de los lugares salvajes y rurales, Atenea era considerada la protectora de las ciudades. En particular, era la patrona de Atenas. Se dice que Zeus decretó que la ciudad debía ser entregada al dios que ofreciera el regalo más útil al pueblo.

Poseidón les dio un manantial salobre (o, en algunos mitos, el caballo). Atenea golpeó el suelo desnudo con su lanza e hizo brotar un olivo. La gente estaba tan encantada con el olivo que Zeus le dio la ciudad a Atenea y la bautizó con su nombre. A menudo se muestra a Atenea con una rama de olivo, símbolo de paz y abundancia.

Atenea era muy venerada en la antigua Grecia, y en muchas ciudades griegas había templos dedicados a ella. En la colina de la Acrópolis, los atenienses le construyeron un hermoso templo llamado Partenón (de parthenos, que significa "virgen"). En el templo se encontraba la estatua de marfil y oro llamada Atenea Parthenos, obra del gran escultor griego Fidias.

Los atenienses celebraban su fiesta más importante, la Panathenaea, en el día considerado como el cumpleaños de la diosa. Se celebraba con una procesión, sacrificios, recitaciones de poesía y concursos atléticos y musicales.

Preguntas de investigación

---

1. ¿Cómo era el Monte Olimpo?
2. Si tuvieras que elegir un dios o una diosa para cenar, ¿cuál sería y por qué?
3. ¿Quién crees que es el dios griego más sobrevalorado?

Demeter
La diosa de la agricultura

Los romanos identificaban a su diosa Ceres con Deméter.

El grano, especialmente, se asociaba a Deméter, pero también era la diosa madre de la vegetación en general. También se la veneraba como diosa de la fertilidad, el parto y el matrimonio. En el arte, Deméter era representada a menudo llevando gavillas de grano o una cesta llena de grano, frutas y flores.

Deméter era hija de los titanes Cronos y Rea y era hermana de Hestia, Hera, Hades, Poseidón y Zeus. Por Zeus, Deméter fue la madre de Perséfone.

El mito más conocido sobre Deméter se refiere a la pérdida de su hija. Hades, el dios de los muertos, capturó a Perséfone y se la llevó al inframundo para que fuera su esposa. Deméter buscó a su hija desaparecida durante nueve días antes de enterarse de lo sucedido por

Helios, el dios del sol. En su desesperación y rabia, Deméter hizo que la tierra se volviera estéril, negándose a dejar que crecieran cultivos mientras su hija no estuviera. Disfrazada de anciana, vagó por el mundo, viviendo entre los humanos, durante un año.

Finalmente, para salvar a la humanidad de la hambruna, Zeus hizo que Hades liberara a Perséfone, y Deméter restauró la fecundidad de la tierra. Sin embargo, debido a que Perséfone había comido comida -una semilla de granada- en el inframundo, tuvo que volver a vivir bajo tierra con Hades durante un tercio de cada año.

Se dice que este mito explica el cambio de las estaciones y el ciclo anual del crecimiento de las cosechas. El tiempo que Perséfone pasaba cada año en el inframundo representaba el invierno, cuando la tierra parece estéril. En primavera, regresaba a su madre en la superficie, junto con el crecimiento de las flores de primavera.

Deméter era ampliamente venerada en la antigua Grecia, especialmente por las mujeres. En varias ciudades se celebraban festivales agrícolas en su honor. También se le rendía culto en una religión mistérica, o con ritos secretos conocidos sólo por sus miembros iniciados, en la ciudad de Eleusis.

Preguntas de investigación

---

1. ¿Cuáles son los debates más populares entre los seguidores de los dioses griegos?
2. ¿Cuándo comenzó la creencia en los dioses griegos?
3. ¿La gente cree en ellos por diferentes razones? Si es así, ¿cuáles son algunas de las razones?

Dionisio

Dios del vino, la vegetación, la humedad cálida, los placeres y la civilización

Los romanos llamaban a este dios Baco y celebraban la Bacanal, o fiesta de Baco, cada tres años. Sin embargo, se convirtió en algo tan inmoral que en 186 a.C. el Senado romano la prohibió.

Dioniso era hijo de Zeus y Sémele, que era hija del rey de Tebas. La leyenda cuenta que Sémele fue consumida por las llamas cuando vislumbró a Zeus, sin disfraz, en su esplendor divino. Zeus puso a su hijo no nacido en su muslo. Cuando llegó el momento del nacimiento del niño, Zeus lo sacó de nuevo. Así, Dionisio tuvo un doble nacimiento.

En sus primeros años, el joven dios fue cuidado por un sátiro mayor llamado Sileno. Dionisio aprendió a hacer vino y viajó por todo el mundo para dárselo a los mortales. El dios vivió muchas aventuras en sus viajes. Finalmente se adentró en las regiones infernales para encontrar a su madre. La rebautizó con el nombre de Thyone y la trajo de vuelta al Olimpo, el hogar de los dioses.

Dionisio era representado en las obras de arte como un hermoso joven, coronado con hojas de vid o hiedra y con la piel de un fauno (un animal mitológico) sobre los hombros. Sus fiestas se celebraban con procesiones, danzas y coros, de los que surgieron el drama y el teatro griegos.

Preguntas de investigación

---

1. ¿Qué dios o diosa griega le parece más interesante y por qué?
2. ¿Hades y Perséfone harían una buena pareja en el cielo o se trata de otra mala decisión de emparejamiento?
3. ¿Qué opinas del ardiente inframundo del Hades, hecho para las almas malvadas, con su plazo de prisión?

Hades
El dios del inframundo, la morada subterránea de los muertos

El homólogo de Hades en la mitología romana era conocido como Dis o Plutón.

El Hades presidía el juicio de todas las personas después de la muerte y el castigo de los malvados. Severo, despiadado y distante, se decía que no se inmutaba (como la propia muerte) ante la oración o el sacrificio. Se creía que daba mala suerte decir su nombre en voz alta, por lo que los griegos lo llamaban con otros nombres, como Plutón, que significa "el rico".

Hades recibió este nombre quizás porque se le asociaba con los metales preciosos que se encontraban bajo tierra y la fertilidad del suelo, o quizás porque reunía a todos los seres vivos en su tesoro al morir. El propio inframundo pasó a llamarse Hades. Más tarde, en otras culturas, Hades se convirtió en otro término para referirse al infierno. Hoy en día, el planeta enano Plutón lleva el nombre del dios.

Hades obtuvo su reino después de que él y sus hermanos derrocaran a su padre, Cronos, un Titán que había sido el dios principal del mundo. La madre de Hades era la titán Rea.

Los hermanos de Hades eran Zeus y Poseidón, y sus hermanas eran Hera, Deméter y Hestia. Después de arrebatar el poder a Cronos, los tres hermanos echaron a suertes el gobierno del mundo. Zeus ganó el mando de los cielos, Poseidón el del mar y Hades el del inframundo.

Era raro que Plutón saliera de su reino sombrío. Su visita más famosa a la Tierra fue cuando se llevó a Perséfone contra su voluntad para que fuera su esposa. Deméter, que era la madre de Perséfone y la diosa de la agricultura, se vio invadida por la furia y el dolor, y todas las cosechas del mundo dejaron de crecer.

Para salvar a los humanos de la inanición, Zeus ordenó a Hades que liberara a Perséfone. Sin embargo, ella había comido una semilla de granada, y a nadie que comiera alimentos en el inframundo se le permitía volver por completo a los vivos. Por ello, Perséfone tenía que vivir con Hades como reina del inframundo durante un tercio de cada año, pero podía volver a la superficie para pasar el resto del año. El mito de Perséfone es una de las pocas historias en las que Hades desempeña un papel importante.

Preguntas de investigación

1. ¿Te interesa leer alguno de los mitos que hay detrás de estos dioses?
2. En su opinión, ¿qué dios es su favorito?
3. Describe un momento en el que hayas sentido que estabas en contacto con uno de los dioses griegos.

Hefesto
Dios del fuego y de la metalurgia

Los romanos identificaban a su dios Vulcano con Hefesto.

Hefesto era un herrero, y se decía que los fuegos de los volcanes eran sus talleres. Hefesto era uno de los doce dioses principales que vivían en el Olimpo.

Sin embargo, a diferencia de los demás dioses olímpicos, Hefesto era cojo y feo. Estaba casado con la bella Afrodita, la diosa del amor, aunque ella le fue notoriamente infiel con Ares, el dios de la guerra. En el arte, Hefesto solía aparecer como un hombre de mediana edad con barba que llevaba un gorro cónico de artesano y portaba un martillo y unas tenazas, las herramientas de su oficio.

Hefesto era el hijo de Hera y Zeus. Muchos mitos cuentan que sus padres lo arrojaron del cielo (que estaba situado en el monte Olimpo) y que más tarde regresó. En una historia, nació cojo y Hera lo expulsó por asco o vergüenza. En otra, Zeus lo arrojó al suelo tras una disputa familiar, y fue la caída la que le lesionó las piernas o los pies. Según algunas versiones, desembarcó en la isla de Lemnos y allí aprendió el arte de la metalurgia.

En su forja divina, Hefesto fabricó magníficos palacios y carros para los dioses y numerosos artefactos útiles y poderosos, como rayos para Zeus, flechas para Apolo y Artemisa, armaduras para Aquiles y Heracles y un collar maldito para castigar a Harmonia (la hija de Afrodita y Ares).

Hefesto también formó a Pandora, la primera mujer, con arcilla. Para vengarse de Hera por haberle expulsado, Hefesto construyó para ella un trono de oro como trampa. Cuando Hera se sentó en el trono, fue atada con cadenas irrompibles, que sólo Hefesto sabía cómo deshacer.

En algunas historias, Zeus ofreció a Afrodita en matrimonio como premio a quien liberara a Hera. Dionisio persuadió a Hefesto para que volviera al Olimpo, liberara a Hera y reclamara a Afrodita como esposa.

Hefesto era originalmente una deidad de Asia Menor y las islas cercanas, especialmente Lemnos. Su culto se extendió posteriormente a Atenas y Campania. El templo conocido como Theseum en Atenas estaba dedicado a Hefesto.

Preguntas de investigación

---

1. ¿Qué panteón del país prefieres de entre los de Grecia y Roma (si es el caso)? ¿Por qué?
2. ¿Conoces a los dioses griegos y su importante papel en la antigua Grecia?
3. ¿Qué mitos asocias con estos dioses griegos?

Hera

Reina de los cielos y como protectora del matrimonio y de las mujeres | Deidad del cielo

Los romanos identificaban a su diosa Juno con Hera.

Hera era a la vez hermana y esposa de Zeus y reina de los dioses. Debido a su especial relación con las mujeres, era una de las diosas a las que se recurría durante el parto. (Artemisa era otra).

Hera era hija de Cronos y Rea, ambos pertenecientes a un grupo más antiguo de dioses griegos conocido como los Titanes. Además de Zeus, sus hermanos eran Poseidón y Hades, y sus hermanas Hestia y Deméter.

En la literatura griega se cuentan muchas historias sobre Hera, y un gran número de ellas relatan los celos de Hera por las atenciones que Zeus prestaba a otras mujeres. Hera perseguía y castigaba a sus rivales, ya fueran humanas o divinas, y con frecuencia intentaba eliminar a los hijos que nacían de Zeus con estas rivales. Por ejemplo, cuando Heracles nació de Zeus y Alcmena, Hera envió dos serpientes para matar al niño en su cuna. Sin embargo, Heracles sobrevivió.

Hera fue responsable de la muerte de la amante de Zeus, Sémele, que en ese momento estaba embarazada de Dionisio. Zeus salvó a Dionisio y lo mantuvo en su muslo hasta que estuvo listo para nacer. Hera también persiguió a Leto, que estaba embarazada de Apolo y Artemisa por Zeus, obligándola a vagar por todo el mundo en busca de un lugar seguro para dar a luz.

Los hijos de Hera eran Ares (el dios de la guerra), Hefesto (el dios del fuego y el herrero divino) y Hebe (la diosa de la juventud y la copera de los dioses en el Olimpo). Eileithyia (la diosa del parto) a veces también se consideraba una hija de Hera. En algunos mitos, Zeus era el padre de los hijos de Hera.

Varios animales se asociaban a Hera. El cuco se identificaba con ella, y se dice que Zeus tomó la forma de este pájaro cuando la cortejó por primera vez. Los pavos reales tiraban de su carro y las vacas también eran sagradas para ella. Los textos antiguos se refieren a Hera como "ojo de vaca". El significado de esta frase se ha perdido, pero quizá quería decir "de ojos grandes".

Muchas obras de arte notables representan a Hera. Quizás la más famosa de la antigüedad fue una estatua de Argos hecha de oro y marfil que la mostraba sentada en un trono. Fue esculpida por Policleto. En el arte clásico, Hera solía ser representada como una joven casada, severa y majestuosa.

Hera era venerada en toda la Grecia antigua. Entre los numerosos templos dedicados a ella se encuentran los de Argos, Olimpia, Micenas, Esparta y la isla de Samos. Hera era la diosa patrona de Argos y Samos, que celebraban fiestas y procesiones en su honor.

Preguntas de investigación

---

1. ¿Cómo sería vivir con Zeus, Hera, Poseidón, etc.?
2. ¿Qué opinas de Hera como esposa de Zeus?
3. ¿Podrías creer en los dioses griegos?

Hermes
Dios con numerosas funciones y el mensajero de los dioses

Su homólogo en la mitología romana era Mercurio.

Hermes es uno de los doce dioses principales que vivían en el Olimpo. Tenía numerosas funciones, muchas de las cuales estaban relacionadas con el cruce de fronteras, con la ganancia o con el engaño. Una de sus funciones era conducir a los muertos al inframundo. También era el dios de los sueños, las puertas y los caminos y el protector de los viajeros.

Los pilares coronados con su imagen se utilizaban como hitos en las carreteras. Hermes también era el dios de la fertilidad y el protector del ganado y las ovejas, que eran productos valiosos. Era el dios de la elocuencia, la buena fortuna y el comercio, así como de la astucia, el fraude y el robo.

Hermes era hijo de Zeus y Maia, hija de Atlas. Se dice que fue un sutil intrigante desde el principio. A las pocas horas de vida, se escapó de la cuna y salió en busca de aventuras. Tensó cuerdas sobre un caparazón de tortuga e inventó la lira, un instrumento musical de cuerda.

Aquella noche Hermes robó 50 vacas de un rebaño de Apolo, que era su hermanastro mayor. Para ocultar el hecho, Hermes utilizó muchos trucos ingeniosos, como hacer que las vacas caminaran hacia atrás para que sus huellas apuntaran en la dirección equivocada. Luego volvió a su cuna para parecer un niño indefenso.

Cuando Apolo descubrió lo sucedido, Hermes lo encantó tocando la lira, y Apolo le permitió salir impune a cambio del instrumento. Apolo le dio entonces a Hermes un báculo de oro, que luego llevó en su papel de mensajero. Apolo también le enseñó a utilizar guijarros para hacer profecías.

Este mito cuenta cómo Hermes llegó a asociarse con Apolo, así como con algunos de sus atributos: la adivinación, la música y los rebaños de animales. Entre los muchos hijos de Hermes estaban Pan, un dios de la fertilidad que tocaba la pipa y que se ocupaba de los rebaños y los lugares salvajes, y Dafnis, el héroe legendario de los pastores de Sicilia. En la religión griega, Hermes fue probablemente adorado en un principio en Arcadia, una región pastoral.

Hermes, un mensajero veloz, era representado a menudo en el arte como un joven delgado que llevaba sandalias aladas y un sombrero de viajero de ala ancha adornado con dos pequeñas alas. También se le mostraba con su bastón, que era el atributo tradicional de los heraldos o mensajeros. Se representaba primero como una vara decorada con cintas y después como una vara con un par de alas y dos serpientes entrelazadas.

El báculo suele llamarse por su nombre en latín, caduceo. Por su similitud con el báculo de Asclepio, el dios griego de la medicina, el caduceo se adoptó en los tiempos modernos como símbolo de los médicos. Sin embargo, el bastón de Asclepio sólo tenía una serpiente.

Preguntas de investigación

1. ¿Cuál es el papel de Hermes en el panteón griego?
2. La barba de Zeus tenía más de cien mechones, pero su hijo Hermes no tenía ni uno solo; ¿por qué?

3. ¿Cuál es su cualidad de dios griego favorita y por qué?

Hestia
Diosa del hogar, la casa y la familia

Hestia está asociada a la diosa romana Vesta.

Hestia es uno de los 12 dioses principales que vivían en el Monte Olimpo. Nació de los titanes Cronos y Rea y era hermana de Deméter, Hera, Hades, Poseidón y Zeus. En un momento dado, tanto Poseidón como Apolo persiguieron a Hestia como pretendientes.

Hestia temía que estallara la discordia en el Olimpo si elegía casarse con uno de los dos. Para asegurar la paz, Hestia juró permanecer virgen para siempre, y en agradecimiento Zeus le concedió el honor de presidir todos los sacrificios.

Debido a la importancia de Hestia para el hogar y la familia, se le hacía una ofrenda al principio y al final de cada comida y todos los niños recién nacidos eran llevados alrededor del hogar antes de ser aceptados en la familia. Además del culto a Hestia en los hogares griegos, muchas ciudades-estado tenían un hogar cívico en el ayuntamiento que mantenía un fuego sagrado para ella.

Preguntas de investigación

1. ¿Quién sería el deportista olímpico que menos te gusta para pasar un día?
2. ¿Qué es lo que le molestaba de la antigua Grecia?
3. ¿Qué es lo más extraño que hizo un dios griego?

Poseidón
Dios del mar, del agua y de los terremotos

Los romanos identificaban a su dios Neptuno con Poseidón.

Poseidón es imprevisible y a menudo violento. A menudo representaba el poder destructivo del mar. También estaba estrechamente relacionado con los caballos. En el arte, Poseidón solía aparecer como un hombre con barba que llevaba un tridente (una lanza de pesca de tres puntas) y estaba acompañado por un delfín o un atún.

Poseidón viajaba sobre el mar en un carro tirado por criaturas que tenían cabeza y cuerpo de caballo y cola de pez. Poseidón era uno de los 12 dioses principales que vivían en el Monte Olimpo.

Poseidón era uno de los hijos de los titanes Cronos y Rea y hermano de Zeus, Hades, Hera, Deméter y Hestia. Cronos era el dios principal, pero sus hijos lo derrocaron. Zeus, Hades y Poseidón se repartieron entonces el gobierno del mundo por sorteo. Zeus ganó el control de los cielos y se convirtió en el dios principal, mientras que Hades se convirtió en el dios del inframundo. El dominio del mar recayó en Poseidón.

Poseidón calmaba o guiaba las olas para las personas a las que favorecía, protegiéndolas y acelerando su camino durante los viajes por el mar. A menudo vengativo y rápido de reflejos, también enviaba poderosas tormentas y criaturas marinas para castigar a los que atraían su ira.

Un mito cuenta que ayudó a construir las murallas para proteger la ciudad de Troya, pero el rey de ésta, Laomedon, se negó a pagarle lo acordado. Poseidón envió entonces un monstruo marino para aterrorizar a Troya, y en la Guerra de Troya se puso del lado de Grecia contra Troya. Más tarde, Poseidón persiguió implacablemente al héroe griego Odiseo por cegar a su hijo Polifemo.

Poseidón tuvo numerosos hijos con su esposa, la ninfa del mar Anfítrite, y con sus muchas amantes. Muchos de sus hijos, como Polifemo, Orión y Anteo, eran gigantes o criaturas salvajes que heredaron su temperamento violento. De Medusa engendró el divino caballo alado Pegaso, y de Deméter, el divino caballo Arión.

El principal festival celebrado en honor de Poseidón eran los Juegos Ístmicos. El festival incluía competiciones atléticas y musicales y tenía lugar cerca del Istmo de Corinto.

Preguntas de investigación

1. ¿Cómo crees que se debería representar a Poseidón en la época actual (de forma diferente)?
2. Si pudieras resolver su problema final eligiendo un objeto de cada uno de sus dominios, ¿cuáles elegirías para Zeus, Hades y Poseidón respectivamente?
3. Si pudiera ser cualquier dios griego por un día, ¿quién sería y por qué?

Zeus

Rey de los dioses y gobernante del Monte Olimpo | Deidad del cielo

Los romanos identificaban a su dios principal, Júpiter, con Zeus.

Zeus es el mayor de los dioses de la antigua religión y mitología griegas. A menudo se le llamaba "padre de los dioses y de los hombres", lo que significa que era su principal gobernante y protector. Era el protector de los reyes en particular, el defensor de la ley y el orden, y el vengador de los juramentos rotos y otras ofensas.

Zeus velaba por el estado y la familia y por los invitados y viajeros. Su mano manejaba el rayo y guiaba las estrellas; controlaba los vientos y las nubes y regulaba todo el curso de la naturaleza. Zeus, junto con los demás dioses del Olimpo, gobernaba los asuntos de la humanidad.

Según las historias antiguas, antes de que Zeus llegara al poder, los Titanes gobernaban el universo. Zeus era hijo de dos Titanes: Cronos, que entonces era el dios gobernante, y Rea, su esposa.

Sus otros hijos -hermanos de Zeus- fueron Hestia, Deméter, Hera, Hades y Poseidón. Antes del nacimiento de Zeus, una profecía advirtió a Cronos de que uno de sus hijos le derrocaría, por lo que se los tragó a todos. Sin embargo, cuando Zeus nació, Rea lo escondió en una cueva de Creta y le dio a Cronos una piedra envuelta como un niño para que se la tragara.

Más tarde, cuando Zeus creció, regresó y obligó a su padre a vomitar a sus hermanos. A continuación, Zeus dirigió una larga guerra contra Cronos y los demás titanes, llegando a derrotarlos. También resistió los ataques de los gigantes y las conspiraciones de los demás dioses contra él.

Tras hacerse con el poder, Zeus y sus dos hermanos echaron a suertes el gobierno del mundo. A Zeus se le asignó el imperio del cielo y del aire; a Hades, el de las regiones infernales; y a Poseidón, el del mar. La Tierra quedó bajo el poder conjunto de los tres.

La esposa de Zeus era Hera, reina de los dioses. Él le era frecuentemente infiel con diosas y mujeres humanas por igual. Las aventuras de Zeus enfurecían a Hera. Para llevar a cabo sus conquistas, a veces adoptaba la forma de un animal, apareciendo como un toro, por ejemplo, cuando raptaba a Europa, y como un cisne cuando violaba a Leda.

Zeus tuvo numerosos hijos, entre ellos Ares y Hefesto, de Hera; Apolo y Artemisa, de Leto; Hermes, de Maia; Perséfone, de Deméter; Dionisio, de Sémele; Helena y Polideuces (Pólux), de Leda; Heracles, de Alcmena; y Perseo, de Danaë.

Zeus fue el único progenitor de Atenea, que surgió de su frente completamente desarrollada. Zeus también fue el padre de las Musas, las Gracias y, según algunos relatos, de Afrodita.

Muchas de las historias de las aventuras amorosas y los matrimonios de los dioses griegos pueden parecer extrañas ahora, pero algunos estudiosos de la religión creen que a menudo eran una forma de incorporar al panteón de los dioses griegos a dioses extranjeros de zonas recién adquiridas por Grecia. Muchas veces, la progenie de Zeus y una mujer mortal se convertía en el legendario fundador de una ciudad famosa de la antigua Grecia, lo que permitía a los que vivían en la ciudad reclamar un antepasado divino.

En el arte, Zeus solía ser representado como un hombre digno y maduro con barba. Dios del clima y del cielo, a menudo se le mostraba lanzando rayos, que eran su arma tradicional, y acompañado de un águila.

Como dios supremo, Zeus era adorado en toda Grecia. Muchos de sus santuarios se encontraban en las cimas de las montañas o en casas particulares. Entre los principales templos dedicados a él se encontraba el gran Templo de Zeus en Olimpia.

Fue la sede de los antiguos Juegos Olímpicos, que se celebraban en honor de Zeus. Ese templo también contenía una estatua de Zeus realizada por Fidias que se consideraba una de las siete maravillas del mundo antiguo. La figura, creada hacia el año 430 a.C., medía unos 12 metros de altura y estaba hecha de marfil y oro.

Preguntas de investigación

1. ¿Qué tipo de Dios es Zeus?
2. ¿Eres fan de Zeus o de Hera, y por qué?
3. ¿Qué opinas sobre el origen de Zeus?

Titanes y titanesas

Cronus
Dios de las cosechas | Deidad chthónica

Cronos fue identificado posteriormente con el dios romano Saturno.

Cronos fue el dios que gobernó antes que Zeus. Era el más joven de los Titanes originales, un grupo de 12 hijos nacidos de Urano (el Cielo) y Gea (la Tierra).

Urano odiaba a los Titanes, y los aprisionó dentro del cuerpo de Gea (es decir, dentro de la Tierra). Con una guadaña (una hoja larga y curvada) suministrada por Gea, Cronos castró a Urano y así separó el Cielo de la Tierra. Cronos liberó a los Titanes y se convirtió en su rey. Usurpado su poder, Urano predijo que Cronos también sería derrocado por uno de sus hijos algún día.

Con su hermana Rea, otra titán, Cronos tuvo muchos hijos, entre ellos las diosas Hestia, Deméter y Hera y los dioses Hades y Poseidón. Para evitar que la profecía de su padre se hiciera realidad, Cronos se tragó a toda su descendencia al nacer. Sin embargo, cuando Zeus nació, Rea lo escondió en Creta y engañó a Cronos para que se tragara una piedra envuelta en pañales.

Cuando Zeus creció, rescató a sus hermanos obligando a Cronos a vomitarlos. Zeus y sus hermanos se rebelaron, librando una larga guerra contra Cronos y la mayoría de los Titanes y acabando por derrotarlos. Según algunos mitos, Cronos fue enviado al Tártaro, la región más profunda del inframundo, donde los dioses encerraban a sus enemigos. En otras versiones de la historia, siguió siendo el rey de la Edad de Oro.

Cronos no era un dios muy venerado en la antigua religión griega, aunque probablemente ya era adorado por los pueblos anteriores. Se le asociaba con la agricultura y se le representaba sosteniendo una hoz o una espada curva.

Preguntas de investigación

1. ¿Qué dios crees que tiene la mejor historia de fondo?
2. ¿A qué olímpico adorarías si tuviera poder absoluto sobre nosotros?
3. Si pudieras hacer un regalo a un dios griego, ¿a quién se lo harías y qué regalo le harías?

Gaea

Gea, o Ge, es la personificación de la Tierra como diosa

Según algunos mitos de la creación, Gea surgió del Caos o de Nyx (la Noche). El primer hijo que tuvo fue Urano (el Cielo); también se convirtió en su esposa.

Urano y Gea tuvieron muchos hijos, entre ellos los cíclopes y los titanes. Urano odiaba a algunos de los hijos nacidos de esta unión. Arrojó a los Cíclopes al inframundo por su desobediencia y escondió a los Titanes en Gea (es decir, en la Tierra) inmediatamente después de su nacimiento.

Gea se indignó ante este trato a sus hijos y animó a uno de los titanes, Cronos, a rebelarse. Con una guadaña (hoja larga y curva) que ella le dio, Cronos castró a su padre, separando así la Tierra y el Cielo. La sangre que cayó entonces sobre Gea produjo las Furias, los Gigantes y las Melias (ninfas de los fresnos). Algunos estudiosos de la religión creen que Gea era una diosa femenina adorada en Grecia antes de la introducción del culto a Zeus.

Preguntas de investigación

---

1. ¿Cuál es su dios favorito de los antiguos griegos y por qué?
2. ¿Cuándo utilizarías este poder divino en particular?
3. ¿Crees que los mitos grecorromanos tienen algo de verdad?

Atlas

El dios Titán que llevó el cielo a lo alto

Atlas era hijo del titán Iapeto y de la ninfa Clímene. El mito más común sobre Atlas, contado por los poetas Homero y Hesíodo, cuenta que Atlas sostenía los pilares que separaban el Cielo y la Tierra.

Según Hesíodo, este incesante trabajo era un castigo que Zeus había impuesto a Atlas por ponerse del lado de los Titanes en la guerra contra Zeus. En las obras de arte, Atlas es representado a menudo llevando el cielo o un globo terráqueo sobre sus hombros.

El poeta Ovidio cuenta que el héroe Heracles (Hércules en la antigua mitología romana) visitó a Atlas en busca de ayuda para uno de sus 12 trabajos. Heracles debía ir a buscar las manzanas de oro que guardaban en el fin del mundo las Hespérides, que eran hijas de Atlas.

Atlas aceptó ir a buscar las manzanas si Heracles sostenía el cielo mientras él no estaba. Atlas regresó con las manzanas, pero no quiso recuperar su carga. Pero Heracles engañó a Atlas para que retomara su tarea.

Un mito alternativo contaba que Atlas era un rey de África que fue convertido en montaña por el héroe Perseo. En esa historia, Perseo mostró a Atlas la cabeza de la Gorgona Medusa (que convertía a los hombres en piedra) como castigo por la inhospitalidad de Atlas. Una serie de cordilleras del norte de África reciben el nombre de montañas del Atlas.

Preguntas de investigación

1. ¿Qué te parece que Atlas lleve el mundo sobre sus hombros?
2. ¿Cree que Atlas merece más reconocimiento?

Prometeo
Dios del fuego

Prometeo era uno de los titanes y el embaucador supremo. Su faceta intelectual se acentuaba por el significado aparente de su nombre, Previsión. Según la creencia común, se convirtió en un maestro artesano y, en este sentido, se le asoció con el fuego y la creación del hombre.

El poeta griego Hesíodo relató dos leyendas sobre Prometeo. La primera es que Zeus, que había sido engañado por Prometeo para que aceptara los huesos y la grasa del sacrificio en lugar de la carne, ocultó el fuego a los mortales.

Prometeo, sin embargo, lo robó y lo devolvió a la Tierra. Como precio del fuego, y como castigo general para los mortales, Zeus creó a la mujer Pandora y la envió a Epimeteo (Hindsight), que se casó con ella a pesar de las advertencias de su hermano Prometeo.

Pandora quitó la gran tapa del frasco que llevaba, y los males, el trabajo duro y la enfermedad salieron volando para asolar a los mortales. Sólo la esperanza permaneció dentro de su jarra. Hesíodo relata en su segunda leyenda que Zeus castigó a Prometeo encadenándolo a una roca y enviando un águila a comer su hígado inmortal, que se reponía constantemente.

El tratamiento literario de la leyenda de Prometeo continuó con Prometeo atado, de Esquilo. El dramaturgo griego hizo de Prometeo no sólo el portador del fuego a los humanos, sino también su preservador, dándoles todas las artes y ciencias, así como los medios de supervivencia.

Prometeo resultó ser para las épocas posteriores una figura arquetípica de desafío contra el poder tiránico. Prometeo, en sus múltiples aspectos, ha servido de inspiración a muchos otros escritores, como Luciano, Giovanni Boccaccio, Pedro Calderón de la Barca, J.W. von Goethe, Johann Gottfried von Herder, Percy Bysshe Shelley y Ramón Pérez de Ayala.

Preguntas de investigación

---

1. ¿Prefiere los dioses griegos a otros panteones como el nórdico o el celta?
2. Si hubiera una fiesta con temática olímpica en el colegio, ¿irías y de quién irías?
3. ¿Qué tienen en común muchos dioses griegos?

Deidades del cielo

Phaëthon
Deidad del cielo

Faetón es el hijo de Helios, el dios griego del sol, y de la ninfa Clímene. Faetón visitó el palacio del sol y preguntó a Helios si era realmente su padre.

Helios respondió que sí, y como prueba Helios juró por el río sagrado Estigia que concedería a su hijo todo lo que pidiera. Faetón exigió que se le permitiera conducir el carro del sol por los cielos.

Empezó su viaje con valentía. Sin embargo, muy pronto perdió el control de los fogosos caballos del sol. Desviándose de su curso, hicieron que el sol bajara tanto que las cimas de las montañas se quemaron. Finalmente, hasta los árboles, la hierba y el grano de los campos se quemaron.

Cuando Zeus vio que la Tierra estaba a punto de ser destruida, lanzó un rayo a Faetón, que cayó a la Tierra. Su nombre pasó al inglés como phaeton, el nombre de un vehículo de cuatro ruedas tirado por caballos y más tarde de un automóvil.

1. ¿Qué opina de cómo los dioses griegos reflejan su sociedad?
2. ¿Tiene alguna leyenda griega favorita?
3. Si fueras un dios griego, ¿cuál sería tu divinidad?

Urano

La personificación de los cielos o el cielo | Deidad primordial

Al principio de uno de los antiguos mitos griegos de la creación, Gea, o la Madre Tierra, surgió del Caos, un estado primitivo y desordenado. Gea produjo entonces a Urano, las Montañas y el Mar. La posterior unión de Gea con Urano dio lugar a varios grupos de descendientes, entre ellos los Cíclopes y los Titanes.

A Urano, o a Ouranus, no le gustaban los Titanes y los escondió en el cuerpo de Gea (la Tierra). Recurrió a los niños, y uno de ellos -Cronus- castró a su padre con una guadaña. De la sangre que cayó de Urano sobre Gea nacieron las ninfas, los Gigantes y las Furias.

Las Furias eran diosas de la venganza que perseguían y castigaban a los culpables de asesinato, especialmente a los culpables de matar a su padre o a su madre. Los genitales cortados de Urano flotaban en el mar, formando una espuma que produjo la diosa del amor, Afrodita.

Al castrar a su padre, Cronos separó el Cielo de la Tierra. Urano predijo que Cronos también sería derrocado por uno de sus hijos, como sucedió cuando Zeus derrotó más tarde a Cronos. En algunas versiones de la historia, Urano muere tras retirarse de la Tierra.

1. ¿Qué quieres saber sobre los dioses griegos?
2. ¿Qué partes de nuestra actualidad inventaron los griegos?
3. ¿Quiénes son los dioses griegos menos populares?

Aeolus

Divino guardián de los vientos y rey de la mítica isla flotante de Aiolia (Eolia)

Rey de Magnesia en Tesalia; su hija Canace y su hijo Macareus cometieron incesto y luego se quitaron la vida. Su historia fue el tema de la obra perdida de Eurípides "Eolo". Eolo dio su nombre a Eolis, un territorio de la costa occidental de Asia Menor (en la actual Turquía).

Preguntas de investigación

---

1. ¿Qué personaje mitológico te parece más atractivo por su personalidad o sus talentos?
2. ¿Hay algún dios o diosa que te guste más que otros y por qué lo crees?
3. ¿Cuáles son algunos datos curiosos sobre los dioses griegos?

Deidades ctónicas

Erinyes (Furias)
Diosas de la retribución

Las Furias eran diosas que representaban la venganza. Perseguían y castigaban a los malvados, especialmente a los culpables de asesinato. Según el poeta Hesíodo, las Furias nacieron cuando el titán Cronos castró a su padre, Urano, la personificación de los cielos.

La sangre que cayó sobre la madre de Cronos, Gea, o Madre Tierra, produjo varios grupos de descendientes, entre ellos las Furias. Otros autores hablaban de ellas como las hijas de Nyx (Noche) o de Erebos (Oscuridad).

Es posible que las Furias se hayan originado en la religión griega como deidades locales que acabaron convirtiéndose en el centro de un culto más amplio, o tal vez desde el principio se pensó en ellas como los fantasmas de los muertos asesinados o como la personificación de las maldiciones impuestas a los asesinos. Fue el dramaturgo Eurípides quien los numeró por primera vez como tres.

Más tarde recibieron los nombres de Alecto (incesantemente enfadado), Tisiphone (vengador del asesinato) y Megaera (celoso). Vivían en el inframundo y ascendían a la Tierra para perseguir y atormentar a los malvados. Se les representa con serpientes por pelo y llorando sangre humana.

El nombre de las Furias proviene de la palabra latina Furiae. Su nombre en griego era Erinyes. Sin embargo, como los griegos temían pronunciar su nombre, a veces llamaban a estas diosas con el nombre eufemístico de Euménides (bondadosas).

La más conocida de las historias sobre las Furias procede de la Oresteia, una serie de tres obras de Esquilo sobre una familia perteneciente a la casa de Atreo. En la trama de la segunda obra, Choephoroi (Portadores de libaciones), el personaje Orestes se encuentra en una situación difícil. Su madre, Clitemnestra, había matado a su padre, Agamenón. Orestes debía vengar la muerte de su padre, y lo hizo matando a Clitemnestra.

Pero matar a la madre era un gran pecado en la sociedad griega. En la tercera obra, Euménides, las Furias persiguen a Orestes para castigarlo por el asesinato de su madre. Al final de la obra, la diosa Atenea interviene en favor de Orestes, perdonándolo y exigiendo que las Furias no sigan persiguiendo a la gente para vengarse.

A cambio, Atenea promete que las diosas serán poderosas y veneradas por los humanos. Muchos de nuestros conceptos sobre las Furias proceden de la versión de Esquilo de su historia y de obras de Eurípides y Sófocles.

Preguntas de investigación

1. ¿Cuál es su mito/héroe favorito que involucra a los dioses griegos y por qué?
2. ¿Por qué le gusta estudiar diferentes creencias y culturas religiosas?
3. ¿Cuál es la mejor manera de educar a los niños sobre estos dioses y sus historias, cree usted?

Hécate
Diosa de la oscuridad y la brujería

Hécate fue aceptada en una fecha temprana en la religión griega, pero probablemente fue originalmente una diosa de los carios en el suroeste de Asia Menor.

En los escritos de Hesíodo, Hécate es la hija del titán Perses y de la ninfa Asteria. Hesíodo representaba a Hécate con poder sobre el cielo, la tierra y el mar; de ahí que conceda la riqueza y todas las bendiciones de la vida cotidiana.

Hécate era la diosa principal que presidía la magia y los hechizos. Fue testigo del secuestro de la hija de Deméter, Perséfone, al inframundo. Antorcha en mano, Hécate asistió a la búsqueda de Perséfone.

Así, en la antigua Grecia, los pilares llamados Hecataea se situaban en los cruces de caminos y en las puertas, quizás para alejar a los espíritus malignos. En el arte griego, Hécate solía aparecer con una larga túnica y sosteniendo antorchas encendidas.

En las representaciones posteriores se le dio una forma triple, con tres cuerpos de pie uno detrás del otro, probablemente para poder mirar en todas las direcciones a la vez desde la encrucijada. Hécate iba acompañada de jaurías de perros que ladraban.

Preguntas de investigación

1. ¿Has estado alguna vez en la casa de una bruja que tuviera alguna similitud con Hécate, como objetos negros, cristales, luz de velas o cosas colgadas al revés?
2. ¿Cuál es tu mito o historia favorita sobre Hécate?
3. ¿Por qué crees que se adoraba tanto a esta diosa durante el periodo helenístico?

Minos

Rey de Creta | mortal y héroe deificado

Minos era hijo de Zeus y Europa. Se casó con Pasífae, la hija de Helios, el dios del sol. Tuvieron varios hijos, entre ellos Ariadna y Fedra (que luego se casó con Teseo).

Todo iba bien hasta que el dios Poseidón envió un toro a Creta para ser sacrificado. Minos, en cambio, mantuvo al animal con vida. Como castigo, Poseidón hizo que Pasiphaë tuviera un amor antinatural por el toro. El resultado de este amor fue el Minotauro, un monstruo con cuerpo de hombre y cabeza de toro.

Minos hizo encerrar al Minotauro en un laberinto construido por el inventor Dédalo. Minos decretó entonces que siete niños y siete niñas de Atenas fueran sacrificados periódicamente al Minotauro, que sólo comía carne humana. Con la ayuda de Ariadna, Teseo encontró al Minotauro y lo mató, liberando así a Atenas de este oneroso tributo.

Dédalo había ayudado a Ariadna en lo referente al laberinto, por lo que Minos lo encarceló a él y a su hijo Ícaro en una torre. Cuando se escaparon con unas alas hechas de cera y plumas, Minos los persiguió.

Ícaro se ahogó, pero Dédalo llegó a Sicilia, donde se hizo amigo de Cócalo, un rey local. Esta amistad llevó al rey (o a sus hijas) a matar a Minos en su baño poco después de su llegada a Sicilia. Minos fue entonces nombrado juez en el Hades, el inframundo.

La civilización de la Edad de Bronce de Creta fue denominada minoica, en honor al rey Minos, por el arqueólogo británico Arthur Evans. Muchos estudiosos piensan ahora que Minos era un título para los gobernantes sacerdotales de esa civilización.

Preguntas de investigación

---

1. ¿Por qué cree que las religiones modernas juzgan tanto la sexualidad y la desnudez?
2. ¿Cuál es su personaje secundario favorito de la mitología?
3. ¿Cuál es el dios/diosa más incomprendido y por qué?

Persephone
Diosa reina del inframundo

Los romanos llamaban a Perséfone Proserpina.

Perséfone era hija de Zeus, el dios principal, y de Deméter, la diosa de la agricultura. Contra su voluntad, se convirtió en la esposa de Hades, el dios del inframundo, que era el reino subterráneo de los muertos.

Se dice que Perséfone estaba recogiendo flores en un prado cuando Hades la raptó. En algunas versiones del mito, Zeus había dado permiso a Hades para casarse con ella. Deméter, por su parte, se sintió abrumada por la pérdida de su hija en el sombrío reino de los muertos.

Perséfone no permitió que creciera ninguna cosecha mientras su hija no estuviera. Para evitar que los seres humanos murieran de hambre, Zeus acabó ordenando a Hades que devolviera a Perséfone a Deméter. Sin embargo, Hades le había dado a Perséfone una semilla de granada para que se la comiera, y cualquiera que comiera alimentos en el inframundo permanecía conectado a ella. Por esta razón,

Perséfone tenía que vivir con él como reina del inframundo durante un tercio de cada año. Los dos tercios restantes del año volvía con su madre.

Este mito explica el cambio de las estaciones y el ciclo anual de crecimiento y decadencia de la vegetación. Los meses que Perséfone pasaba bajo tierra cada año habrían sido el invierno, y su regreso a Deméter habría sido en primavera.

Preguntas de investigación

1. ¿Cuál es tu nombre alternativo de la mitología griega?
2. ¿Prefieres tener un dios personal o ser todos los dioses del mundo?
3. ¿Qué es lo que más han enseñado las amantes de los dioses a la humanidad?

Gigantes y otros "gigantes"

Cíclopes
Una tribu de gigantes tuertos y devoradores de hombres

El cíclope, un gigante monstruoso con un solo ojo en el centro de la frente, aparece en toda la mitología griega. La palabra que designa a más de un cíclope es Cyclopes.

En el relato de Hesíodo sobre la vida de los dioses, había tres cíclopes: Arges, Brontes y Steropes, hijos del Cielo y de la Tierra que fabricaban los rayos de Zeus. En la Odisea de Homero, sin embargo, eran una colonia de gigantes devoradores de hombres que vivían en las cuevas de las montañas de Sicilia.

Odiseo, con 12 hombres, desembarcó en la isla de los cíclopes y se topó con la cueva del cíclope Polifemo. Tras bloquear la entrada con una enorme piedra, Polifemo comenzó a comer a los hombres de Odiseo. Odiseo emborrachó a Polifemo, lo cegó y escapó con el resto de sus hombres.

Polifemo pidió venganza a su padre, Poseidón, dios del mar, que agitó las aguas para que Odiseo no pudiera volver a casa durante diez años. Otras tradiciones incluyen la historia de Polifemo enamorándose perdidamente de una ninfa del mar, Galatea.

A los cíclopes también se les atribuye la construcción de antiguas ciudades amuralladas, como Tirinto en Grecia. Los muros de piedra sin escuadrar se siguen llamando ciclópeos.

Preguntas de investigación

1. ¿Cuál es su historia favorita sobre un dios relacionado con la mitología?
2. Si pudiera retroceder en el tiempo y cambiar la mitología de un dios griego, ¿quién sería?
3. ¿Cuál es su historia griega favorita y por qué?

Tifón

Un monstruoso gigante serpiente y una de las criaturas más mortíferas de la mitología griega

Escritores posteriores identificaron a Tifón con el dios egipcio Seth.

Tifón era un monstruo espeluznante con 100 cabezas de dragón. Su nombre también se deletreaba Tifón, y también se le llamaba Tifeo. Era el hijo menor de Tártaro (la personificación del inframundo) y Gea (la Tierra).

El dios Zeus conquistó a Tifón y lo arrojó al inframundo. En otros relatos, Tifón fue confinado en la tierra de los Arimi en Cilicia o bajo el monte Etna o en otras regiones volcánicas, donde era la causa de las erupciones. Tifón era, pues, la personificación de las fuerzas volcánicas.

Tifón estaba casado con el monstruo Equidna, que era parte mujer y parte serpiente. Tuvieron muchos hijos monstruosos, como Cerbero (el perro de tres cabezas que custodiaba el inframundo), la Hidra (un monstruo de varias cabezas) y la Quimera (una criatura que era en parte león, en parte cabra y en parte dragón).

Tifón era también el padre de los vientos peligrosos (tifones).

---

1. ¿Qué criatura mítica admira más y por qué?
2. ¿Conoces más datos sobre los dioses clásicos que sobre los más recientes?
3. Si pudieras elegir cualquier dios del panteón, ¿para qué lo querrías?

Deidades rústicas

Aristaeus

Dios menor, protector y creador de varias artes | Desafió a los mortales

Divinidad griega, nombre derivado de aristos (mejor); su culto estaba muy extendido, pero los mitos que le rodean son algo oscuros; se cree que es hijo de Apolo y de la ninfa Cirene; nació en Libia, pero más tarde fue a Tebas, donde las Musas le instruyeron en las artes de la curación y la profecía; se convirtió en yerno de Cadmo y padre de Acteón; tras viajar mucho, llegó a Tracia.

En Tracia, desapareció finalmente cerca del monte Haemus; deidad benévola que introdujo el cultivo de las abejas, la vid y el olivo; protector de los pastores y cazadores; representado como un joven vestido de pastor y que a veces lleva una oveja.

Preguntas de investigación

1. ¿Quién crees que es el dios o la diosa más razonable de la mitología?
2. Si fueras un dios mitológico, ¿cuál sería tu dominio?
3. ¿Qué dios griego podría ser tu animal espiritual?

Pan

El dios de lo salvaje, cazador y compañero de las ninfas

Los dioses romanos Faunus y Silvanus comparten muchos atributos de Pan y pueden haber evolucionado a partir de él. Algunas representaciones cristianas del diablo tienen un gran parecido con Pan.

Pan era un dios rural de los lugares salvajes que se asociaba con la alegría y el jolgorio. Se le adoraba originalmente en Arcadia y, con el tiempo, en todas las zonas de Grecia. Pan tenía forma humana con piernas, cuernos y orejas de cabra.

Pan era el dios que velaba por los rebaños y los cabreros y pastores que los cuidaban, y también era un dios de la fertilidad. En los bosques y otros lugares oscuros y solitarios por la noche, los ruidos que se oían se atribuían a Pan; de ahí que la palabra pánico pasara a significar el susto que en un tiempo se atribuía a estar cerca de Pan.

En la mayoría de los relatos, el dios Hermes es el padre de Pan. A veces se dice que su madre es Penélope, la esposa del héroe Odiseo. En algunas historias, Hermes vino a Penélope en forma de cabra, lo que explica las partes de cabra de Pan. En algunos relatos cómicos, Pan es la descendencia de Penélope y de todos los pretendientes que la cortejaron durante la ausencia de Odiseo.

Al igual que los pastores de la época, Pan era gaitero, y su gran alegría era tocar música y bailar con las ninfas en los bosques. Las pipas que se dice que tocaba -un instrumento de viento hecho de tubos de caña de diferentes longitudes puestos en fila- se llaman zampoñas o siringas.

Una historia cuenta que creó las zampoñas tras perseguir a una ninfa llamada Syrinx. Pan, que era conocido por su carácter amoroso, estuvo a punto de atraparla cuando gritó pidiendo ayuda a su padre, un dios del río.

El padre de Pan la transformó en un lecho de juncos que crecía en la orilla. Pan cortó algunas cañas e hizo zampoñas para consolarse de su pérdida.

Preguntas de investigación

---

1. ¿Las historias de estos dioses griegos te recuerdan alguna vez que no debes procrastinar o ser perezoso con las tareas escolares?
2. ¿Cuáles son las buenas razones por las que la gente hace sacrificios a los dioses?
3. ¿Qué criatura mitológica es un símbolo de lealtad en la mitología griega?

Deidades agrícolas

Adonis
El dios de la renovación permanente, la fertilidad, la belleza y el deseo

El carácter cíclico de las estaciones y el misterio del crecimiento natural se encarnan en Adonis, el apuesto dios de la vegetación y la naturaleza, según la mitología griega y fenicia.

La fiesta fenicia anual de Adonia conmemoraba a Adonis como dios de la fertilidad y la abundancia. El nombre de Adonis procede de la palabra semítica adonay (mi señor, mi dueño).

Adonis nació de un árbol en el que su madre se había transformado. La diosa Afrodita quedó tan cautivada por la belleza de Adonis que lo escondió en un cofre, o cofre del tesoro, cuando era un niño. Le contó este secreto a Perséfone, otra diosa. Sin que Afrodita lo supiera, Perséfone abrió el cofre.

Cuando vio a Adonis, también quedó impresionada por su belleza. Lo secuestró y se negó a entregarlo. Afrodita recurrió al dios Zeus, que decretó que Adonis debía pasar la mitad de cada año en la Tierra con Afrodita (simbolizando el retorno anual de la primavera) y la otra mitad en el inframundo con Perséfone (simbolizando el retorno anual del otoño). Un día, siendo aún joven, Adonis fue asesinado por un jabalí que había herido con su lanza.

De la historia de la muerte de Adonis surgieron varias leyendas botánicas. Según algunos, las anémonas brotaron del suelo donde cayó la sangre de Adonis, y las rosas brotaron de las lágrimas que Afrodita derramó por Adonis. Los jardines en los que se induce a las plantas a florecer rápidamente (y, por tanto, a morir rápidamente) se denominan jardines de Adonis, simbolizando su destino.

Preguntas de investigación

---

1. ¿Qué historia o mito importante terminó creyendo más?
2. ¿Quiénes son algunos de los dioses griegos o personajes históricos menos conocidos que merecen más reconocimiento?
3. Si tuvieras que estrenar un nuevo disfraz de Halloween este año, ¿a cuál de los dioses griegos representarías y por qué?

Deidades de la salud

Esculapio (Asclepio)
El dios de la medicina

El dios griego de la medicina, Asclepio -en latín, Esculapio- aparece en el arte sosteniendo un bastón con una serpiente enroscada. La serpiente, que era sagrada para él, simbolizaba la renovación de la juventud porque se desprende de su piel.

Esculapio era hijo de Apolo y Coronis. El centauro Quirón lo educó y le enseñó el arte de la curación. Su hija Hygeia personificaba la salud, y su hija Panacea, la curación. Dos de sus hijos aparecen en la Ilíada de Homero como médicos del ejército griego.

Sus supuestos descendientes, llamados Asclepiadae, formaban una gran orden de sacerdotes-médicos. Los secretos sagrados de la medicina sólo les pertenecían a ellos y se transmitían de padres a hijos.

Las Asclepiadas practicaban su arte en magníficos templos de la salud, llamados Asclepieia. Los templos eran en realidad sanatorios equipados con gimnasios, baños e incluso teatros.

Primero se dormía al paciente. Su sueño, interpretado por los sacerdotes, se suponía que proporcionaba instrucciones para el tratamiento. Todas las curaciones se registraban como milagros.

Preguntas de investigación

---

1. ¿Crees que hay algún remedio de la antigua Grecia que no haya pasado a la medicina actual? ¿Cuál es tu personaje secundario favorito de la mitología?
2. ¿Cuál es su historia favorita de Esculapio en la mitología?
3. ¿Qué sabes de la relación entre Apolo y Esculapio?
4. ¿Quién es el dios de la curación en la religión romana?

Otras deidades

Charites (Las Gracias)
Diosas de la fertilidad, el encanto y la belleza

Las charitas solían asociarse con la diosa del amor, Afrodita. Se dice que son hijas de Zeus y de Hera o de Eurínome, que era hija del titán Océano. En algunas leyendas, los padres de las Gracias eran Helios, el dios del sol, y Egle, una hija de Zeus.

El número de las Gracias difiere en los relatos de diversos lugares, pero normalmente se cree que son tres: Aglaia (Luminosidad), Eufrosina (Alegría) y Talía (Flor). Ningún banquete del Olimpo satisfacía a los dioses si las Musas y las Gracias no cantaban en él.

El nombre de las Gracias proviene del latín; el nombre griego de las diosas era Charites. En la religión griega, los cultos que veneraban a las Gracias se centraban en Beocia, Atenas, Esparta y Pafos.

Preguntas de investigación

1. ¿Qué poder divino femenino te interesa más obtener?
2. ¿Qué dios sería más fácil de bromear?
3. ¿Podría ser cierto algo de estos dioses en su opinión?

Mortales

Desafió a los mortales

Aquiles
Héroe de la Guerra de Troya

Entre los griegos que lucharon contra Troya, el considerado más valiente fue Aquiles. Su madre era la diosa Tetis, una nereida (ninfa del mar). Su padre era Peleo, rey de Tesalia y nieto de Zeus, el señor del cielo.

Fue en el banquete de bodas de Tetis y Peleo cuando la diosa Eris (la Discordia) lanzó entre los invitados una manzana de oro que iba a provocar la Guerra de Troya.

Poco después del nacimiento de Aquiles, Tetis trató de burlar a las Parcas, que habían predicho que la guerra acabaría con su hijo en la flor de la vida. Para que ningún arma pudiera herirlo, sumergió a su hijo en las aguas negras de la Estigia, el río que fluye alrededor del inframundo.

Sólo el talón por el que le sujetaba estaba intacto por las aguas mágicas, y ésta era la única parte de su cuerpo que podía ser herida. De ahí viene la expresión talón de Aquiles, que significa punto vulnerable.

Cuando comenzó la Guerra de Troya, la madre de Aquiles, temiendo que el decreto de las Parcas se cumpliera, lo vistió de niña y lo escondió entre las doncellas de la corte del rey de Esciros. El truco no tuvo éxito. Odiseo, el más astuto de los griegos, acudió a la corte disfrazado de vendedor ambulante.

Cuando Odiseo hubo extendido su mercancía ante las muchachas, sonó un repentino toque de trompeta. Las muchachas gritaron y huyeron, pero Aquiles traicionó a su sexo cogiendo una espada y una lanza de las existencias del vendedor ambulante.

Aquiles se unió a la batalla y tomó el mando de los hombres de su padre, los mirmidones. Dieron un ejemplo de valentía a los demás griegos. Luego se peleó con Agamenón, el líder de los griegos, por una cautiva a la que amaba.

Cuando se la arrebataron, retiró a sus seguidores de la lucha y se enfadó en su tienda. Como resultado, los ejércitos griegos fueron devueltos a sus barcos por los troyanos.

Finalmente, conmovido por la situación de los griegos, Aquiles confió sus hombres y su armadura a Patroclo, su mejor amigo. Así, cuando Patroclo condujo a los mirmidones a la batalla, los troyanos lo confundieron con Aquiles y huyeron despavoridos. Sin embargo, Patroclo fue asesinado por Héctor, el líder de los troyanos. La armadura de Aquiles se convirtió en el premio de Héctor. Enfadado y apesadumbrado por el dolor,

Aquiles juró matar a Héctor. Mientras tanto, su madre se apresuró a ir al Olimpo para pedir una nueva armadura a Hefesto, dios de la forja. Ataviado con su nueva armadura, Aquiles volvió a entrar en combate. Mató a muchos troyanos, y el resto -excepto Héctor- huyó dentro de su ciudad. Aquiles mató entonces a Héctor.

Aunque los troyanos habían perdido a su líder, pudieron seguir luchando con la ayuda de otras naciones. Aquiles acabó con la fuerza de estos aliados al matar a Memnón, príncipe de los etíopes, y a Pentesilea, reina de las amazonas.

Aquiles estaba cansado de la guerra y, además, se había enamorado de Polixena, hermana de Héctor. Para ganarla en matrimonio consintió en pedir la paz a los griegos.

Aquiles estaba en el templo arreglando el matrimonio cuando el hermano de Héctor, Paris, le disparó una flecha envenenada en la única parte vulnerable de su cuerpo: el talón.

Preguntas de investigación

1. ¿Cómo crees que es el Monte Olimpo en la vida real?
2. ¿Cuál es el mejor mito griego que conoce y por qué?
3. ¿Cuál es su historia más loca relacionada con un héroe griego?

Ganímedes

Un apuesto príncipe troyano, raptado por Zeus y convertido en copero de los dioses

En la mitología griega, Ganímedes era el hijo de un rey de Troya. Debido a la gran belleza de Ganímedes, Zeus se disfrazó de águila y se llevó a Ganímedes al Olimpo para que sirviera de copero de los dioses.

Algunos relatos cuentan que Hebe desempeñó esa función y, en ocasiones, se dice que Ganímedes sustituyó a Hebe después de que ésta renunciara a su puesto para casarse con Heracles o fuera destituida por un error que cometió.

Zeus regaló al padre de Ganímedes un caballo inmortal para compensar la pérdida de su hijo. La mayor luna del planeta Júpiter lleva su nombre.

Preguntas de investigación

---

1. ¿Qué héroe de la mitología griega sería su animal de apoyo emocional y por qué?

2. ¿Quién querría ser un superhéroe o un villano si los dioses griegos tuvieran poderes como los que poseen los personajes de los cómics y las novelas gráficas?
3. ¿Siente que algún poder mitológico parece haberse hecho realidad en la actualidad?

Hércules

Uno de los héroes más fuertes y célebres de la mitología clásica

Hércules (llamado Heracles por los griegos) era hijo del dios Zeus y de la mortal Alcmena. La diosa Hera, que odiaba al niño Hércules, envió dos serpientes para destruirlo en su cuna, pero Hércules las estranguló. De niño, Hércules fue entrenado por el centauro Quirón.

Cuando Hércules era joven, se le acercaron dos doncellas. Arete representaba la virtud; Kakia el vicio. Kakia ofreció a Hércules placer y riqueza si la seguía. Arete le ofrecía sólo la gloria por una lucha de por vida contra el mal. Hércules eligió ser guiado por Arete.

En un ataque de frenesí provocado por Hera, Hércules mató a sus propios hijos. Para expiarlo tuvo que servir a su primo el rey Euristeo, que le ordenó realizar las tareas conocidas como los 12 trabajos de Hércules.

La primera fue la matanza del león de Nemea. Hércules estranguló al animal y se puso la piel del león. Luego mató a la Hidra, una terrible serpiente de nueve cabezas. El tercer y cuarto trabajo consistieron en la captura de dos criaturas salvajes: el ciervo de Ceryne con cuernos de oro y el jabalí de Erymanth.

Para su siguiente trabajo, Hércules tuvo que limpiar los establos de Augías, que no habían sido limpiados durante 30 años. Hizo pasar dos ríos, el Alfeo y el Peneo, por los establos, terminando el trabajo en un solo día. A continuación, mató a las feroces aves de Estinfalia, tras lo cual capturó al toro cretense.

Luego capturó las yeguas salvajes carnívoras de Diomedes, rey de Tracia. Hércules mató a Diomedes y lo alimentó con los caballos. Luego tuvo que conseguir el cinturón de Hipólita, reina de las Amazonas.

Derrotó a las amazonas, mató a la reina y se llevó el cinturón. Como décimo trabajo, Hércules capturó los bueyes del monstruo Gerión, que habitaba en la legendaria isla Erytheia.

Los dos últimos trabajos fueron los más difíciles. Una de ellas consistía en robar las manzanas de oro custodiadas por cuatro ninfas hermanas llamadas las Hespérides. Su padre era Atlas, que sostenía los cielos sobre su espalda.

Para obtener las manzanas, Hércules ocupó el lugar de Atlas mientras éste se llevaba las manzanas. Finalmente, Hércules viajó al Hades, donde capturó a Cerbero, el perro de muchas cabezas que guardaba las puertas del inframundo. Llevó a Cerbero ante Euristeo, pero el rey estaba tan aterrorizado que Hércules tuvo que volver a Hades para llevarse al monstruo.

Una vez completadas las 12 tareas, Hércules ya era libre, pero realizó otras hazañas. El centauro Nessus intentó llevarse a la esposa de Hércules, Deianeira. Hércules disparó a Nessus con una flecha envenenada.

El centauro moribundo hizo que Deianeira guardara parte de su sangre como amuleto. Cuando Hércules se enamoró de otra doncella, Deianeira le envió una túnica empapada en la sangre. Hércules se la puso, y el veneno se extendió por su cuerpo como el fuego. Huyó al monte Oeta, construyó una hoguera funeraria y se arrojó sobre ella para morir.

La fuerza heroica de Hércules inspiró muchas obras de arte. Un buen ejemplo en escultura es el Hércules Farnesio, copia de una obra anterior del antiguo escultor Lisipo.

1. ¿Qué opinas de las distintas interpretaciones de la mitología griega, por ejemplo, de "Hércules" de Disney? ¿Cambia tu opinión sobre qué versión es más fiel o atractiva para ti?
2. ¿Crees que adorar a las deidades griegas ayudó en algo a los problemas de alguien en la antigua Grecia?
3. ¿Sucede que todos los dioses y semidioses griegos son amistosos entre sí a veces?

Héroes

Eneas

Un héroe de la guerra de Troya y progenitor del pueblo romano

Eneas es el héroe de la Eneida de Virgilio, pero fue venerado por los romanos mucho antes de que se escribiera la Eneida. Lo llamaban Júpiter indiges, "el fundador de la raza".

Eneas era considerado un héroe de Troya y de Roma. La Ilíada de Homero lo compara con el legendario Héctor. Eneas no era de origen romano. Anquises, su padre, era miembro de la casa real troyana.

Su madre era la diosa del amor, Afrodita. Anquises había jurado no revelar nunca su matrimonio con Afrodita. Sin embargo, cuando nació Eneas, Anquises se jactó ante sus compañeros. En castigo, fue cegado.

Cuando Troya fue conquistada en la Guerra de Troya, Eneas condujo a sus guerreros fuera de la ciudad en llamas, llevando a su padre ciego sobre sus hombros. A continuación, Eneas y sus compañeros vagaron durante siete años por el Mediterráneo en busca de una nueva patria.

Sus barcos naufragaron en la costa africana, cerca de Cartago. Dido, la reina cartaginesa, se enamoró profundamente de Eneas y le rogó que se quedara. Cuando él se fue, Dido se suicidó de pena.

Eneas y sus compañeros se establecieron brevemente en Tracia, Creta y Sicilia, antes de llegar al Lacio, a orillas del Tíber. El rey Latino les dio la bienvenida.

Eneas ayudó al gobernante en sus luchas contra los rútulos. Más tarde, Eneas se casó con Lavinia, hija de Latino. Heredó el reino tras la muerte de Latino, reinando felizmente y con éxito sobre sus troyanos y latinos unidos. Murió en una batalla con los etruscos.

Preguntas de investigación

---

1. ¿Cómo describiría ser un héroe griego?
2. ¿Cuál es su opinión sobre los nombres de los héroes griegos?
3. ¿Se ha encontrado alguna vez con una estatua de un dios o diosa griega?

Áyax el Grande
Un héroe de la guerra de Troya y rey de Salamina

Entre los guerreros griegos que asediaron Troya, Áyax el Grande era el segundo en fuerza y valor después de Aquiles. Era hijo de Telamón y hermanastro de Teucro. Homero, en la Ilíada, lo describe como una persona de tamaño gigantesco.

A la muerte de Aquiles, Áyax, como el más valiente de los griegos, reclamó la armadura de Aquiles. El premio, sin embargo, fue para Odiseo (Ulises) como el más sabio. Áyax se enfureció tanto que se volvió loco y se suicidó. Su historia la cuenta el dramaturgo griego Sófocles en la tragedia Áyax.

Otro héroe griego del mismo nombre fue el Áyax "menor", hijo de Oileo, rey de Locris. Era pequeño de estatura pero valiente y hábil en el lanzamiento de la lanza.

Sólo Aquiles podía correr más rápido. Como Áyax el Grande, era el enemigo de Odiseo. Fanfarrón y arrogante, desafió incluso a los dioses. Como castigo por su comportamiento temerario, naufragó y se ahogó en un viaje de regreso de Troya.

Preguntas de investigación

1. ¿Qué héroe griego crees que es el más simpático?
2. Si un héroe o semidiós griego tuviera que elegir una cosa en esta tierra para conferenciar, ¿qué votaría?
3. ¿Has pensado en ser inmortal y vivir para siempre como los dioses griegos?

Daedalus
Un creador de un laberinto

Dédalo era un hábil artesano. Se dice que fue el primer escultor que hizo estatuas con ojos abiertos y con brazos que sobresalían del cuerpo.

A Dédalo también se le atribuye la invención del punzón, el bisel y otras herramientas. En la antigüedad se creía que muchos templos y estatuas de madera de Grecia e Italia eran obra suya.

Cuando el sobrino de Dédalo, Perdix, inventó la sierra y el torno de alfarero, se supone que Dédalo se puso tan celoso que empujó a Perdix desde la Acrópolis de Atenas. Después de que Dédalo huyera a Creta, donde gobernaba el rey Minos, construyó el laberinto para encerrar al Minotauro, un monstruo que era parte hombre y parte toro.

Más tarde, Dédalo ofendió al rey Minos, y él y su hijo Ícaro fueron encarcelados. Dédalo fabricó unas alas de plumas y cera para que pudieran escapar volando sobre el mar. Ícaro voló demasiado cerca del sol. Su calor derritió la cera y se ahogó.

Preguntas de investigación

1. Si pudiera tener un asistente personal de cualquier mito, ¿quién sería y por qué?
2. ¿Cuáles son sus formas favoritas de honrar a los dioses griegos?
3. ¿Cómo crees que afectó a los humanos la convivencia con las deidades griegas?

Jason

Líder de los Argonautas.

Jasón dirigió con éxito una banda de héroes, conocidos como los argonautas, para recuperar el vellocino de oro, la lana dorada de un carnero.

Jasón era hijo de Esón, el rey de Iolcos en Tesalia, en lo que hoy es el norte de Grecia. Cuando Jasón era un niño, su tío Pelias se hizo con el trono. Por su seguridad, Jasón fue enviado lejos para ser criado por Quirón, un centauro. Jasón regresó a Iolcos cuando era joven.

Pelias prometió renunciar y dejar que Jasón se convirtiera en rey, como era su derecho de herencia, si Jasón le traía el Vellocino de Oro, una tarea aparentemente imposible. El vellocino se guardaba en la lejana Cólquida y era custodiado por un dragón que nunca dormía.

Tras muchas aventuras, Jasón se hizo con el vellocino con la ayuda de la hechicera Medea. Jasón se casó con Medea. A su regreso a Iolcos, Medea mató a Pelias. Ella y Jasón fueron expulsados por el hijo de Pelias y tuvieron que refugiarse con el rey Creonte de Corinto.

Cuando Jasón dejó a Medea por la hija de Creonte, Medea mató a sus propios hijos por Jasón. El abandono de Jasón a Medea y sus consecuencias fueron el tema de la obra trágica de Eurípides, Medea.

Preguntas de investigación

---

1. ¿Cuáles fueron algunas de las misiones más notables realizadas por héroes que fueron en busca de un objeto o información dentro del reino de Hades que se sabía que estaba custodiado por monstruos?
2. ¿Qué es una locura que una deidad o un héroe haya hecho o en la que haya participado?
3. ¿Crees que todos los dioses griegos fueron despojados de sus poderes por los humanos una vez que nos hicimos más avanzados?

Odiseo

Un héroe y rey de Ítaca.

Algunos escritores romanos tendían a despreciar a Odiseo como destructor de la ciudad madre de Roma, Troya. Otros escritores romanos (como Horacio y Ovidio) lo admiraban.

El héroe del poema épico de Homero, la Odisea, es Odiseo. Es uno de los personajes más representados en la literatura occidental. Después de luchar en la guerra de Troya durante unos diez años, Odiseo tuvo que soportar unos diez años más de vagabundeo y aventuras antes de regresar a su hogar y a su familia.

Homero lo retrató como un hombre de extraordinaria astucia, ingenio, valor y resistencia. El nombre de Odiseo en inglés es Ulysses.

Según Homero, Odiseo era rey de Ítaca, una de las islas jónicas. Sus padres eran Laertes y Anticleia. La esposa de Odiseo era Penélope, y tuvieron un hijo, Telémaco. (En la tradición posterior, Odiseo fue en cambio hijo de Sísifo y tuvo hijos de Circe, Calipso y otros).

Odiseo también aparece en el poema épico de Homero, la Ilíada, que trata de la guerra de Troya. En el poema, Odiseo desempeña un papel destacado en la consecución de la reconciliación entre los héroes griegos Agamenón y Aquiles.

La valentía y la destreza de Odiseo en la lucha quedan demostradas en repetidas ocasiones. Su valentía se manifiesta sobre todo en la expedición nocturna que emprende con Diomedes contra los troyanos.

La Odisea describe cómo Odiseo logró la captura de Troya, que puso fin a la guerra. Hizo que los soldados griegos se escondieran dentro de un enorme caballo de madera hueco (el caballo de Troya). Cuando los troyanos introdujeron el caballo en la ciudad amurallada, los guerreros salieron en tropel y abrieron las puertas al resto de los soldados griegos.

Las andanzas de Odiseo tras la guerra y la recuperación de su casa y su reino son el tema central de la Odisea. Tras abandonar Troya, Odiseo llega a la tierra de los Comedores de Loto, una tribu que se alimenta de una misteriosa planta.

Con dificultad, rescata a algunos de sus compañeros, que están drogados por haber comido la planta. A continuación, Odiseo encuentra y ciega al cíclope Polifemo, hijo de Poseidón. Odiseo escapa de la cueva de Polifemo aferrándose al vientre de un carnero.

Odiseo y sus compañeros llegan más tarde a la isla de los Laestrygones, que son gigantes caníbales. Destruyen 11 de los 12 barcos de Odiseo.

En la nave restante, Odiseo y sus compañeros supervivientes llegan a la isla de la hechicera Circe. Ella transforma a algunos de sus hombres en cerdos, y él tiene que rescatarlos.

A continuación, Odiseo visita el país de los muertos, donde habla con el espíritu de Agamenón y con el vidente ciego Tiresias. De Tiresias, Odiseo aprende cómo puede evitar la ira de Poseidón, que está enfadado con él por haber matado a Polifemo.

En su viaje, Odiseo se cruza con las sirenas y con Escila y Caribdis, criaturas que intentan destruirlo a él y a su tripulación. En una isla del dios del sol, Helios, los hombres se encuentran con el ganado del dios, el Ganado del Sol. A pesar de las advertencias, los compañeros de Odiseo matan el ganado para alimentarse. Odiseo es el único que sobrevive a la tormenta. Entonces llega a la isla de la ninfa Calipso. Ésta lo mantiene prisionero en la isla durante siete años antes de que Atenea y Hermes lo ayuden.

Odiseo abandona finalmente a Calipso y llega por fin a su casa en Ítaca. Mientras tanto, Penélope (su esposa) y Telémaco (su hijo) han estado luchando por mantener su autoridad durante sus casi 20 años de ausencia. Más de 100 pretendientes han estado presionando a Penélope para que vuelva a casarse. Mientras esperan a que ella se decida entre ellos, estos hombres han permanecido en la casa de Odiseo, comiendo, bebiendo y divirtiéndose.

Cuando Odiseo llega a casa, al principio sólo es reconocido por su fiel perro y una enfermera. Con la ayuda de Atenea demuestra su identidad. Para confirmar que es realmente Odiseo, Penélope le hace encordar y disparar con su viejo arco.

Entonces, con la ayuda de Telémaco y dos esclavos, Odiseo mata a todos los pretendientes de Penélope. Penélope sigue sin creer a Odiseo y le pone una prueba más. Pero al final, sabe que es él y lo acepta como su marido perdido y rey de Ítaca. (Para un relato más detallado de las aventuras de Odiseo.

En las obras de Homero, Odiseo tiene muchas oportunidades de mostrar su talento para las artimañas y los engaños. Al mismo tiempo, es constantemente valiente, leal y generoso. Otros numerosos escritores griegos y romanos también retrataron a Odiseo. Lo presentaron unas veces como un político sin principios, otras como un sabio y honorable estadista. Los filósofos suelen admirar su inteligencia y sabiduría.

Figura literaria perdurable, Odiseo ha sido tratado por muchos otros escritores posteriores, como William Shakespeare (en Troilo y Crésida), Níkos Kazantzákis (en La Odisea: una secuela moderna), y (metafóricamente) por James Joyce (en Ulises) y Derek Walcott (en Omeros).

Preguntas de investigación

---

1. ¿Qué tres cosas has aprendido sobre Odiseo?
2. ¿Cuáles son algunos de los mejores libros sobre mitología griega y quién los escribió?
3. ¿Cómo crees que eran los dioses griegos cuando eran niños?

Orpheus

Un legendario músico y poeta que intentó recuperar a su esposa muerta del inframundo

El héroe Orfeo era un poeta y músico que cantaba y tocaba música de forma tan bella que todos los que la escuchaban quedaban encantados. Los animales, los árboles e incluso las rocas se movían a su alrededor al ritmo de su música.

Orfeo tocaba la lira, un instrumento parecido al arpa que le había regalado el dios Apolo. La mayoría de las leyendas cuentan que la madre de Orfeo era una de las musas; la mayoría de las veces se dice que era Calíope, la patrona de la poesía épica. Su padre solía ser Oeagrus, un rey de Tracia.

La esposa de Orfeo era Eurídice. Sin embargo, poco después de casarse, fue mordida por una serpiente y murió. Abrumado por el dolor, Orfeo descendió con valentía al inframundo, el reino subterráneo de los muertos, para intentar devolverla a la vida.

Orfeo utilizó su música para encantar a Caronte, el barquero que transportaba a los muertos a través del río Estigia, y a Cerbero, el perro de tres cabezas que guardaba las puertas del inframundo, para que le dejaran pasar. A continuación, Orfeo se dirigió a Hades y Perséfone, los gobernantes del inframundo, con una canción.

Conmovidos por la devoción de Orfeo hacia su esposa y por su música, permitieron que Eurídice volviera a la vida. Había una condición: no se le permitía volver a mirarla hasta que estuvieran fuera del inframundo.

Orfeo condujo a Eurídice de vuelta desde el sombrío inframundo al reino de los vivos. Ya casi estaban allí cuando Orfeo vio la luz del sol desde el mundo de arriba.

En un impulso, se volvió para asegurarse de que Eurídice seguía con él o para compartir su alegría con ella. En ese momento ella desapareció, muriendo por segunda vez. Orfeo se quedó solo e inconsolable.

Orfeo fue posteriormente asesinado por mujeres en Tracia. Las leyendas sobre su muerte varían. Algunas cuentan que fue despedazado por frenéticas ménades, mujeres devotas del dios Dionisio, porque Orfeo prefirió adorar a Apolo en lugar de a Dionisio.

Las Musas enterraron los miembros de Orfeo y su lira fue colocada en el cielo como Lyra, una constelación de estrellas. Su cabeza, aún cantando, flotó hasta la isla de Lesbos. Allí la cabeza pronunció profecías, convirtiéndose en el oráculo órfico.

Se cree que Orfeo inspiró un movimiento religioso en la antigua Grecia. Sus fieles realizaban ritos secretos, supuestamente basados en las enseñanzas y los cantos de Orfeo. Esta religión mistérica órfica se ocupaba especialmente de la vida después de la muerte y de la purificación del pecado.

La leyenda de Orfeo ha inspirado a artistas y escritores desde la antigüedad. El personaje ha aparecido en numerosas obras de arte, literatura y música, como las óperas de Claudio Monteverdi, Christoph Gluck y Jacques Offenbach y la película Orfeo negro (1959), del director brasileño Marcel Camus.

Preguntas de investigación

1. ¿Ha leído alguna vez la experiencia de uno de los héroes griegos menos conocidos?
2. ¿Hay alguna cultura o religión específica que le inspire a querer un trabajo que implique la educación sobre cómo vive/piensa la gente en el mundo?
3. ¿Cómo explicaría el concepto de héroe griego a alguien que nunca ha oído hablar de él?

Perseus

El hijo de Zeus, rey fundador de Micenas, y asesino de la Gorgona Medusa

Perseo fue el joven héroe que mató a Medusa, una de las temibles Gorgonas que convertían en piedra a cualquiera que se atreviera a mirarlas. Perseo era hijo de Zeus, rey de los dioses, y de Dánae, la bella hija de Acrisio, rey de Argos.

Acrisio había desterrado a madre e hijo porque un oráculo había dicho que el hijo de Dánae lo mataría algún día. Polidectes era el rey de la isla donde Dánae y Perseo habían sido llevados bajo la guía de Zeus.

El rey cortejaba a Danaë, pero sabía que tendría que deshacerse de Perseo antes de poder ganar la mano de Danaë. Así que envió al joven a traer la cabeza de Medusa, pensando que Perseo moriría.

Medusa era una de las tres terribles hermanas llamadas Gorgonas. Tenían alas de cuero, garras de bronce y serpientes venenosas que se retorcían en lugar de pelo. Cualquiera que las mirara se convertía en piedra. Pero Perseo fue ayudado por los dioses. Atenea le prestó su brillante escudo, y Hermes le dio una espada mágica. Perseo llegó a la tierra de la noche, donde vivían las tres Hermanas Grises (las Graeas). Sólo tenían un ojo y un diente entre ellas. Se negaron a ayudar a Perseo, pero éste les robó el ojo y sólo se lo devolvió cuando le dijeron dónde encontrar a las Gorgonas.

Con unas sandalias aladas que le permitían volar, el casco de Hades que le hacía invisible y una bolsa en la que ocultar la cabeza, se puso de nuevo en marcha y finalmente encontró a las tres Gorgonas dormidas. Se puso el gorro de las tinieblas y se acercó volando. Al posarse, miró dentro de su brillante escudo, evitando así mirar directamente a las Gorgonas. Con un golpe de su espada, cortó la cabeza de Medusa.

En su camino a casa, Perseo se encontró con la hermosa doncella Andrómeda, que estaba encadenada a una roca y abandonada para ser devorada por un monstruo marino. Perseo esperó junto a ella y cuando el monstruo apareció le cortó la cabeza.

Sus alegres padres, Cefeo y Casiopea, entregaron a Andrómeda a Perseo como novia. Perseo volvió a casa y rescató a su madre convirtiendo a Polidectes y sus seguidores en piedra al ver la cabeza de Medusa.

Perseo entregó la cabeza de la Gorgona a Atenea, que la colocó en su escudo, y acompañó a su madre de vuelta a Argos. Más tarde, mientras Perseo lanzaba el disco en una gran competición atlética, éste se desvió y cayó entre los espectadores, matando accidentalmente a su abuelo Acrisio y cumpliendo así la profecía.

Tras su propia muerte, Perseo fue llevado al cielo por su padre Zeus, al igual que Andrómeda, Casiopea y Cefeo. Allí se convirtieron en constelaciones, todo ello según los antiguos mitos griegos.

Preguntas de investigación

---

1. ¿Has visto alguna vez que ocurra algo extraño o inexplicable que esté evidentemente relacionado con los antiguos dioses de Grecia?
2. ¿Cómo describiría las historias griegas a una persona que aún no sabe nada de ellas?
3. ¿Qué opina de los héroes griegos en la cultura popular?

Teseo

El rey de Atenas y matador del Minotauro

El héroe Teseo, hijo de Egeo, rey de Atenas, nació y se crió en una tierra lejana. Su madre no lo envió a Atenas hasta que fue un joven capaz de levantar una piedra bajo la cual su padre había puesto una espada y un par de sandalias.

Cuando Teseo llegó a Atenas después de muchas aventuras, encontró a la ciudad sumida en el luto. Era de nuevo el momento de enviar a Minos, rey de Creta, el tributo anual de siete jóvenes y siete doncellas para que fueran devorados por el Minotauro.

Se trataba de un monstruo terrible, mitad humano y mitad toro. Teseo se ofreció como una de las víctimas, con la esperanza de poder matar al monstruo.

Cuando llegó a Creta, Ariadna, la bella hija del rey, se enamoró de él. Ella le ayudó dándole una espada, con la que mató al Minotauro, y un ovillo de hilo, con el que pudo encontrar la salida del sinuoso laberinto donde se encontraba el monstruo.

Teseo había prometido a su padre que, si tenía éxito en su búsqueda, izaría velas blancas en su barco cuando regresara; éste tenía velas negras cuando partió. Olvidó su promesa. El rey Egeo, al ver las velas oscuras, pensó que su hijo había muerto y se lanzó al mar.

Desde entonces, el mar se llama Egeo en su honor. Teseo se convirtió entonces en rey de los atenienses. Unió las comunidades de aldeas de la llanura del Ática en una nación fuerte y poderosa.

Teseo fue asesinado a traición durante una revuelta de los atenienses. Posteriormente, su memoria fue objeto de gran veneración. En la batalla de Maratón, en el año 490 a.C., muchos atenienses creyeron ver su espíritu guiándolos contra los persas.

Tras las guerras persas, el oráculo de Delfos ordenó a los atenienses que encontraran la tumba de Teseo en la isla de Skyros, donde había sido asesinado, y que llevaran sus huesos a Atenas. Las instrucciones del oráculo fueron obedecidas. En el año 469 a.C., los supuestos restos de Teseo fueron llevados a Atenas. La tumba del gran héroe se convirtió en un lugar de refugio para los pobres y oprimidos de la ciudad.

Preguntas de investigación

---

1. ¿Existen dioses, semidioses y héroes griegos a los que se siga rindiendo culto en la actualidad?
2. ¿Cuáles eran algunos de los símbolos que los antiguos griegos asociaban a sus principales dioses y diosas?
3. ¿Qué pensaban los antiguos griegos que causaba las catástrofes naturales como las tormentas y los huracanes?

Mujeres notables

Arachne

Una hábil tejedora, transformada por Atenea en araña por su blasfemia

Aracne era una mujer que sabía tejer. Se atrevió a desafiar a Atenea -las diosas de la artesanía como el tejido, así como de la guerra y la sabiduría- a un concurso de tejido.

Aracne era la hija de Idmón de Colofón, en Lidia, un tintorero que utilizaba el tinte púrpura. En la competición de tejido con Atenea, Aracne tejió un tapiz que mostraba los amores de los dioses. Atenea produjo un tapiz que mostraba a los dioses en toda su majestuosidad. Según la historia, la diosa se enfureció por la perfección de la obra de su rival o se ofendió por su temática.

Atenea rompió el tapiz de Aracne en pedazos, y desesperada, Aracne se ahorcó. Sin embargo, por piedad, la diosa aflojó la cuerda, que se convirtió en una telaraña, y Aracne se transformó en una araña.

Arachne significa "araña" en griego, y la clase zoológica a la que pertenecen las arañas se llama Arachnida. La historia de Aracne la cuenta Ovidio en sus Metamorfosis.

1. ¿Quién fue la primera mujer olímpica?
2. ¿Qué es lo más genial que ha hecho una deidad por ser un dios o una diosa?
3. ¿Conoces algún mito o leyenda de otras culturas que tengan dioses o creencias sobre el más allá similares a las de la cultura griega?

Cassandra

Una princesa de Troya, que fue maldecida para ver el futuro pero nunca para ser creída

Casandra era una profetisa cuyo destino era predecir correctamente los acontecimientos futuros, pero nunca ser escuchada ni creída. Era hija de Príamo, el último rey de Troya, y de su esposa Hécuba.

El dios Apolo se enamoró de Casandra y le ofreció el don de predecir el futuro a cambio de su amor. Casandra aceptó el trato y recibió el regalo de Apolo, pero luego se negó a cumplir su palabra.

En represalia, Apolo la maldijo para que sus profecías nunca fueran creadas. De hecho, profetizó correctamente acontecimientos como la caída de su propia ciudad, Troya, en la Guerra de Troya (la guerra relatada en la Ilíada de Homero) y la muerte de Agamenón, pero nadie le hizo caso.

Después de que Troya fuera capturada por los griegos, Casandra se convirtió en uno de los botines de guerra y fue tomada por Agamenón. Fue asesinada con él cuando regresó a Grecia.

1. ¿Cree que la mitología debería ofrecerse en los programas escolares? En caso afirmativo, ¿para qué grupos de edad?
2. ¿Quiénes de los dioses y diosas griegos crees que estaban más sobrevalorados e infravalorados?
3. ¿Crees que algún pueblo griego es incomprendido o infravalorado? ¿Por qué crees que es así?

Helen

Hija de Zeus y Leda, cuyo rapto provocó la Guerra de Troya

Según la leyenda griega, Helena de Troya era la mujer más bella del mundo. Era la esposa de Menelao, rey de Esparta. Afrodita, la diosa del amor, la prometió a Paris, hijo del rey Príamo de Troya, para recompensar a Paris por haber juzgado a Afrodita como la más bella de las diosas.

Durante la ausencia de Menelao, Paris convenció a Helena para que huyera con él a Troya. Agamenón, el hermano de Menelao, dirigió una expedición contra Troya para recuperar a Helena.

Esto dio inicio a la Guerra de Troya, en la que Paris fue asesinado. Cuando los griegos finalmente capturaron Troya, Menelao se llevó a Helena de vuelta a Esparta. El poeta griego Homero contó la historia de Helena y la guerra de Troya en su Ilíada.

Preguntas de investigación

1. ¿Cómo afectan los mitos e historias griegas a tu visión del mundo que te rodea en la sociedad actual?

2. ¿Con cuál de estos dioses está menos familiarizado y por qué cree que es difícil conocerlos?

3. Explica con tus propias palabras la diferencia entre un dios y una diosa, no sólo términos femeninos para los masculinos, sino diferencias específicas.

Medea

Una hechicera y esposa de Jasón, que mató a sus propios hijos para castigar a Jasón por su infidelidad

El poeta romano Ovidio, en sus Metamorfosis, llevó la historia de Medea más allá. Tras huir de Corinto, Medea se convierte en la esposa de Egeo. Éste la expulsa después de su intento fallido de envenenar a su hijo Teseo.

Medea era una hechicera que ayudaba a Jasón, el líder de un grupo de héroes llamado los Argonautas. Le ayudó a obtener el vellocino de oro (lana de carnero dorada) de su padre, el rey Eetes de Cólquida.

Medea era una diosa y tenía el don de la profecía. Se enamoró de Jasón y utilizó sus poderes mágicos y sus consejos para ayudarle a engañar a su padre y obtener el vellocino. A cambio, Jasón se casó con ella y se la llevó a Grecia.

Varios autores antiguos escribieron sobre Medea. La obra Medea del dramaturgo griego Eurípides retoma la historia en una etapa posterior. Jasón y Medea ya habían huido de Cólquida con el vellocino. Habían sido expulsados de Iolcos por la venganza de Medea contra el rey Pelias de Iolcos (que había enviado a Jasón a buscar el vellocino).

La obra está ambientada en la época en que Jasón y Medea vivían en Corinto. Jasón abandona a Medea por la hija del rey Creonte de Corinto. En venganza, Medea asesina a Creonte, a su hija y a los dos hijos de Jasón y se refugia con el rey Egeo de Atenas. El estadista y dramaturgo romano Séneca basó su tragedia Medea en el drama de Eurípides.

Medea es también la heroína de varias obras modernas. Entre ellas se encuentran obras del dramaturgo austriaco del siglo XIX Franz Grillparzer y del dramaturgo francés del siglo XX Jean Anouilh.

El compositor italo-francés Luigi Cherubini (1797) y el compositor francés Darius Milhaud (1939) también incluyeron a Medea en sus óperas. Los autores siguieron utilizando los temas del mito de Medea a principios del siglo XXI.

Preguntas de investigación

1. ¿Quiénes son algunos de los miembros más famosos de la antigua Grecia?
2. ¿Qué te gustaría que hicieran los dioses griegos para facilitarte la vida?
3. ¿Crees que los antiguos griegos estarían orgullosos de los mitos que aún existen hoy en día, si estuvieran vivos?

Medusa

Una mujer mortal transformada en una horrible gorgona por Atenea

Medusa era la más famosa de las figuras monstruosas conocidas como Gorgonas. Homero, presunto autor de la Ilíada y la Odisea, que floreció en el siglo IX u VIII a.C., habló de una única Gorgona, un monstruo del inframundo.

El posterior poeta griego Hesíodo, que vivió hacia el año 700 a.C., aumentó el número de Gorgonas a tres -Eteno (la Poderosa), Euríale (la Lejana) y Medusa (la Reina)- y las convirtió en las hijas del dios del mar Forcis y de su hermana-esposa Ceto.

En el arte primitivo, las Gorgonas solían representarse como criaturas femeninas aladas cuyas cabezas de pelo eran en realidad serpientes. Sus rostros eran grotescos y redondos, y sus lenguas estaban fuera. Sin embargo, en épocas posteriores, Medusa -a diferencia de las demás Gorgonas- se representaba a veces como una criatura muy hermosa, aunque también muy mortífera.

Medusa era la única de las Gorgonas que era mortal. Fue asesinada por Perseo, que le cortó la cabeza. De la sangre que brotó de su cuello surgieron Crisáor y Pegaso (el caballo alado), sus dos hijos del dios del mar Poseidón. La cabeza cortada era igual de mortífera y podía convertir en piedra a cualquiera que la mirara. Fue entregada a Atenea, que la colocó en su escudo. Sin embargo, según otro relato, Perseo enterró la cabeza en el mercado de Argos.

Se dice que Heracles (Hércules) obtuvo de Atenea un mechón de pelo de Medusa (que poseía los mismos poderes que la cabeza). Se lo dio a Esterópe, la hija de Cefeo, como protección para la ciudad de Tegea contra los ataques. Cuando se exponía a la vista, se suponía que el mechón provocaba una tormenta que hacía huir al enemigo.

Preguntas de investigación

---

1. ¿Por qué seguimos hablando de los dioses griegos cuando ya no están a cargo de los desastres naturales?
2. ¿Debería haber una reencarnación de estos antiguos dioses para asegurarse de que las cosas suceden correctamente?
3. ¿Qué opina de las mujeres de la antigua Grecia?

Pandora
La primera mujer de la Tierra

En la mitología griega, Pandora fue la primera mujer de la Tierra. Cuando llegó el momento de poblar la Tierra, los dioses delegaron la tarea en Prometeo y su hermano Epimeteo. Epimeteo (cuyo nombre significa "pensamiento posterior" o "retrospectiva") comenzó con los animales, a los que dio todos los mejores dones: fuerza y velocidad, astucia y la protección de las pieles y las plumas.

Demasiado tarde, Epimeteo se dio cuenta de que no quedaba ninguna cualidad para que la humanidad estuviera a la altura de las bestias. Después de que Prometeo ("previsión") robara el fuego del cielo y se lo diera a los mortales, un enfadado Zeus decidió contrarrestar esta bendición.

Zeus ordenó a Hefesto que creara una mujer de arcilla y la adornó con regalos de todos los dioses. Afrodita le dio la belleza, Hermes la persuasión y Atenea la habilidad para la costura. La llamaron Pandora ("todos los regalos").

El antiguo poeta griego Hesíodo, en sus Trabajos y Días, dice que Zeus la envió a la Tierra. Allí Epimeteo se casó con ella a pesar de la advertencia de su hermano Prometeo de no aceptar regalos de Zeus.

Pandora encontró o trajo consigo una jarra misteriosa. Epimeteo le ordenó a Pandora que no la abriera. Sin embargo, en secreto, Pandora quitó la tapa. Todos los males humanos salieron volando y cubrieron el mundo. Sólo la esperanza quedó atrapada dentro del frasco.

Según algunas versiones modernas del mito, a Pandora se le entregó una caja, no una jarra, pero éstas se deben a una mala traducción del griego o a una confusión con otro mito.

Preguntas de investigación

---

1. ¿Cuál es tu mito favorito que involucra a un dios o diosa griega y a una mujer que conozcas?
2. ¿Tiene algún griego famoso como modelo o ídolo, y si es así, quién es y cuáles son sus logros?

Polyxena

La hija menor del rey de Troya, sacrificada al fantasma de Aquiles

Polixena era hija de Príamo, rey de Troya, y de su esposa, Hécuba. Tras la caída de Troya, fue reclamada por el fantasma de Aquiles, el más grande de los guerreros griegos, como su parte del botín, por lo que fue ejecutada en su tumba.

En la época postclásica la historia se elaboró; se decía que se había acordado una paz y que Aquiles iba a casarse con Polixena, pero Paris le disparó a traición.

Preguntas de investigación

---

1. ¿Cuáles son algunos de sus mitos griegos favoritos y cómo se relacionan con su presencia en la cultura pop actual?
2. ¿Qué opina de Troya, y ha leído antes sobre esta ciudad?

Reyes

Agamenón

Un rey y comandante de los ejércitos griegos durante la Guerra de Troya

La mayor parte de lo que se sabe del antiguo héroe griego Agamenón se narra en la leyenda homérica de la Ilíada y en los dramas de Esquilo. Hijo de Atreo, rey de Micenas en Grecia, Agamenón fue probablemente un personaje histórico, un rey que gobernó en Micenas o en la cercana Argos durante la guerra de Troya. Sin embargo, es imposible separar la realidad de la leyenda de los relatos míticos de los antiguos griegos.

Las historias cuentan que Agamenón era hermano de Menelao, rey de Esparta, cuya esposa, Helena, fue llevada a Troya por Paris, un príncipe de esa ciudad de Asia Menor. Este acontecimiento llevó a Agamenón a reunir el poderío militar de las ciudades-estado griegas en una guerra de venganza.

Después de la larga guerra y la eventual destrucción de Troya, navegó a casa con su esposa, Clitemnestra, y su familia. Al llegar, fue asesinado por su esposa o por su amante, Egisto.

Para vengar esta traición, el hijo de Agamenón, Orestes, mató a Clitemnestra y a Egisto. La historia de esta venganza y su resultado se cuenta en tres obras de Esquilo: Agamenón, Coréforo y Euménides.

También es la base de la trama de la Electra de Sófocles y la Electra de Eurípides.

Los tres dramaturgos vivieron en el siglo V a.C. El dramaturgo estadounidense del siglo XX Eugene O'Neill escribió una adaptación de la leyenda de Agamenón titulada El luto se convierte en Electra.

Preguntas de investigación

---

1. ¿Cuáles son las características de un rey en particular que más le intrigan?
2. ¿Con qué rey de la antigüedad está usted más relacionado por la forma en que manejaron su parte de problemas en la vida o los conflictos a los que se enfrentaron?

Midas

Un rey de Frigia concedió el poder de convertir cualquier cosa en oro con un toque

Midas se ha convertido en un símbolo de la avaricia insensata. Una vez le hizo un favor al dios Dionisio, y éste le prometió concederle todo lo que quisiera. Según la historia, Midas pidió que todo lo que tocara se convirtiera en oro.

La petición fue concedida, pero el rey no tardó en arrepentirse al comprobar que incluso su comida se convertía en oro. Tuvo que pedir a Dionisio que le retirara el regalo.

En otra ocasión, Midas juzgó un concurso musical entre Pan y Apolo. Le concedió el premio a Pan, y en venganza Apolo le regaló un par de orejas de asno. Midas escondió las orejas de asno bajo un gorro, pero su barbero descubrió el secreto. El barbero deseaba contarlo, pero tenía miedo del rey.

Finalmente, cavó un agujero en el suelo y susurró en él: "El rey Midas tiene orejas de asno". De este agujero creció una caña, y cuando el viento sopló la caña susurró el secreto a todo el mundo.

1. ¿Tiene algún mito favorito o alguna historia que le guste contar cuando le preguntan por sus intereses y aficiones?
2. ¿Cuáles son algunos acontecimientos recientes en los que la gente ha invocado o utilizado la mitología griega como parte de sus hechizos o rituales mágicos o lo que sea (uso futuro)?
3. Si tu especialidad en la escuela fuera ser un malote, ¿qué dios griego te gustaría tener como mentor?

Edipo

Un rey de Tebas destinado a matar a su padre y casarse con su madre

Edipo era el nombre de un rey de Tebas. En el siglo XIX su nombre se utilizó para designar un complejo psicológico relacionado con los deseos reprimidos. El complejo de Edipo, basado en la vida de ese trágico personaje, es una teoría psicoanalítica introducida por Sigmund Freud en su libro La interpretación de los sueños, publicado en 1899.

La teoría afirma que los individuos tienen un deseo reprimido de implicación sexual con el progenitor del sexo opuesto mientras sienten rivalidad con el progenitor del mismo sexo.

Según la antigua leyenda, Layo, rey de Tebas y padre de Edipo, se enteró por un oráculo de que su propio hijo lo mataría. Por ello, perforó y ató los pies del recién nacido y lo dejó morir en el monte Citerón. Pero un pastor de buen corazón encontró al niño y lo llamó Edipo, que significa "pie hinchado".

El niño fue llevado al rey de Corinto, que lo crió como su hijo. Cuando Edipo creció, un oráculo le dijo que debía matar a su padre y casarse con su propia madre. Para escapar de este destino, abandonó su casa, pues creía que el rey de Corinto era su padre.

De camino a Tebas, se encontró con Layo, discutió con él y lo mató. Por aquel entonces apareció una terrible Esfinge cerca de Tebas. Este monstruo preguntaba un acertijo a todos los que pasaban y les obligaba a adivinarlo o a ser devorados. Los tebanos ofrecieron el trono y la mano de la reina Yocasta a quien respondiera correctamente al acertijo del monstruo.

"¿Qué animal", preguntó la Esfinge cuando Edipo se enfrentó a ella, "camina sobre cuatro patas por la mañana, sobre dos al mediodía y sobre tres por la noche?" Edipo respondió rápidamente: "El hombre, porque por la mañana, la infancia de su vida, se arrastra a cuatro patas; al mediodía, en su plenitud, camina sobre dos pies; y, cuando la oscuridad de la vejez se apodera de él, utiliza un palo para apoyarse mejor como tercer pie". En ese momento, la Esfinge se precipitó por el precipicio rocoso y pereció.

Edipo se convirtió en rey y se casó con su madre, Yocasta. Pronto el país fue devastado por una terrible plaga. El oráculo prometió alivio cuando el asesino de Layo fuera desterrado. Edipo se enteró entonces de lo que había hecho.

Con horror, Edipo se sacó los ojos, mientras su madre se ahorcaba. Ciego y desamparado, Edipo se alejó con su fiel hija Antígona. Ella cuidó de él hasta su muerte. El dramaturgo griego Sófocles narró la historia de Edipo y sus hijos en la gran trilogía de Edipo Rey, Edipo en el Colono y Antígona.

Preguntas de investigación

---

1. ¿Cuál es un mito que parece interesante o divertido pero que resulta no ser cierto?
2. ¿Qué opinas sobre Edipo y su historia?

Sísifo

Un rey que intentó engañar a la muerte

Sísifo era un astuto rey de Corinto. Tras su muerte, fue condenado en el inframundo a hacer rodar una roca sin cesar por una colina. Cada vez que la roca llegaba a la cima, volvía a rodar hacia abajo, por lo que Sísifo nunca pudo terminar su tarea.

El poeta Homero describió el destino de Sísifo en la Odisea. Las leyendas griegas posteriores contaron por qué Sísifo fue castigado: engañó a la Muerte dos veces. Cuando la Muerte vino por primera vez a buscar al astuto rey, Sísifo lo encadenó para que nadie pudiera morir.

El dios de la guerra Ares acabó rescatando a la Muerte, y Sísifo murió y fue al inframundo. Sin embargo, le había dicho a su esposa que no lo enterrara ni realizara ninguno de los sacrificios necesarios a los dioses.

Como resultado, Sísifo tuvo que volver a los vivos para castigar a su esposa por sus graves omisiones. Volvió a su casa, vivió hasta una edad avanzada por segunda vez, y finalmente murió de nuevo, para comenzar su castigo eterno.

Sísifo era una figura muy popular de embaucador o maestro ladrón en el antiguo folclore griego. En el siglo XX, la historia de sus infructuosos trabajos en el inframundo inspiró El mito de Sísifo de Albert Camus: Ensayo sobre el absurdo (1942), que es una obra clásica de la literatura existencialista.

Preguntas de investigación

1. ¿Qué opinas sobre Sísifo y su castigo?
2. ¿Puedes admirarlo por su valor?

Tu regalo

Tienes un libro en tus manos.

No es un libro cualquiera, es un libro de Student Press Books. Escribimos sobre héroes negros, mujeres empoderadas, mitología, filosofía, historia y otros temas interesantes.

Ya que has comprado un libro, queremos que tengas otro gratis.

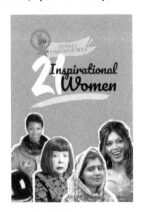

Todo lo que necesita es una dirección de correo electrónico y la posibilidad de suscribirse a nuestro boletín (lo que significa que puede darse de baja en cualquier momento).

¿A qué espera? Suscríbase hoy mismo y reclame su libro gratuito al instante. Todo lo que tiene que hacer es visitar el siguiente enlace e introducir su dirección de correo electrónico. Se le enviará el enlace para descargar la versión en PDF del libro inmediatamente para que pueda leerlo sin conexión en cualquier momento.

Y no te preocupes: no hay trampas ni cargos ocultos; sólo un regalo a la vieja usanza por parte de Student Press Books.

Visite este enlace ahora mismo y suscríbase para recibir un ejemplar gratuito de uno de nuestros libros.

Link: https://campsite.bio/studentpressbooks

Libros

Nuestros libros están disponibles en las principales librerías online. Descubra los paquetes digitales de nuestros libros aquí:
https://payhip.com/studentPressBooksES

La serie de libros sobre la historia de la raza negra.

Bienvenido a la serie de libros sobre la historia de la raza negra. Conozca los modelos de conducta de los negros con estas inspiradoras biografías de pioneros de América, África y Europa. Todos sabemos que la Historia de la raza negra es importante, pero puede ser difícil encontrar buenos recursos.

Muchos de nosotros estamos familiarizados con los sospechosos habituales de la cultura popular y los libros de historia, pero estos libros también presentan a héroes y heroínas afroamericanas menos conocidos de todo el mundo cuyas historias merecen ser contadas. Estos libros de biografías te ayudarán a comprender mejor cómo el sufrimiento y las acciones de las personas han dado forma a sus países y comunidades marcando a las futuras generaciones.

Títulos disponibles:

1. 21 líderes afroamericanos inspiradores: Las vidas de grandes triunfadores del siglo XX: Martin Luther King Jr., Malcolm X, Bob Marley y otras personalidades

2. 21 heroínas afroamericanas extraordinarias: Relatos sobre las mujeres de raza negra más relevantes del siglo XX: Daisy Bates, Maya Angelou y otras personalidades

La serie de libros "Empoderamiento femenino".

Bienvenido a la serie de libros Empoderamiento femenino. Descubre los intrépidos modelos femeninos de los tiempos modernos con estas inspiradoras biografías de pioneras de todo el mundo. El empoderamiento femenino es un tema importante que merece más atención de la que recibe. Durante siglos se ha dicho a las mujeres que su lugar está en el hogar, pero esto nunca ha sido cierto para todas las mujeres o incluso para la mayoría de ellas.

Las mujeres siguen estando poco representadas en los libros de historia, y las que llegan a los libros de texto suelen quedar relegadas a unas pocas páginas. Sin embargo, la historia está llena de relatos de mujeres fuertes, inteligentes e independientes que superaron obstáculos y cambiaron el curso de la historia simplemente porque querían vivir su propia vida.

Estos libros biográficos te inspirarán a la vez que te enseñarán valiosas lecciones sobre la perseverancia y la superación de la adversidad. Aprende de estos ejemplos que todo es posible si te esfuerzas lo suficiente.

Títulos disponibles:

1. 21 mujeres sorprendentes: Las vidas de las intrépidas que rompieron barreras y lucharon por la libertad: Angela Davis, Marie Curie, Jane Goodall y otros personajes
2. 21 mujeres inspiradoras: La vida de mujeres valientes e influyentes del siglo XX: Kamala Harris, Madre Teresa y otras personalidades
3. 21 mujeres increíbles: Las inspiradoras vidas de las mujeres artistas del siglo XX: Madonna, Yayoi Kusama y otras personalidades
4. 21 mujeres increíbles: La influyente vida de las valientes mujeres científicas del siglo XX

La serie de libros de Líderes Mundiales.

Bienvenido a la serie de libros de Líderes Mundiales. Descubre los modelos reales y presidenciales del Reino Unido, Estados Unidos y otros países. Con estas biografías inspiradoras de la realeza, los presidentes y los jefes de Estado, conocerás a los valientes que se atrevieron a liderar, incluyendo sus citas, fotos y datos poco comunes.

La gente está fascinada por la historia y la política y por aquellos que la moldearon. Estos libros ofrecen nuevas perspectivas sobre la vida de personajes notables. Esta serie es perfecta para cualquier persona que quiera aprender más sobre los grandes líderes de nuestro mundo; jóvenes lectores ambiciosos y adultos a los que les gusta leer sobre personajes interesante.

Títulos disponibles:

1. Los 11 miembros de la familia real británica : La biografía de la Casa de Windsor: La reina Isabel II y el príncipe Felipe, Harry y Meghan y más
2. Los 46 presidentes de América : Sus historias, logros y legados: De George Washington a Joe Biden
3. Los 46 presidentes de América: Sus historias, logros y legados - Edición ampliada

La serie de libros de Mitología Cautivadora.

Bienvenido a la serie de libros de Mitología Cautivadora. Descubre los dioses y diosas de Egipto y Grecia, las deidades nórdicas y otras criaturas mitológicas.

¿Quiénes son estos antiguos dioses y diosas? ¿Qué sabemos de ellos? ¿Quiénes eran realmente? ¿Por qué se les rendía culto en la antigüedad y de dónde procedían estos dioses?

Estos libros presentan nuevas perspectivas sobre los dioses antiguos que inspirarán a los lectores a considerar su lugar en la sociedad y a aprender sobre la historia. Estos libros de mitología también examinan temas que influyeron en ella, como la religión, la literatura y el arte, a través de un formato atractivo con fotos o ilustraciones llamativas.

Títulos disponibles:

1. El antiguo Egipto: Guía de los misteriosos dioses y diosas egipcios: Amón-Ra, Osiris, Anubis, Horus y más

2. La antigua Grecia: Guía de los dioses, diosas, deidades, titanes y héroes griegos clásicos: Zeus, Poseidón, Apolo y otros
3. Antiguos cuentos nórdicos: Descubriendo a los dioses, diosas y gigantes de los vikingos: Odín, Loki, Thor, Freya y más

La serie de libros de Teoría Simple.

Bienvenido a la serie de libros de Teoría Simple. Descubre la filosofía, las ideas de los antiguos filósofos y otras teorías interesantes. Estos libros presentan las biografías e ideas de los filósofos más comunes de lugares como la antigua Grecia y China.

La filosofía es un tema complejo, y mucha gente tiene dificultades para entender incluso lo más básico. Estos libros están diseñados para ayudarte a aprender más sobre la filosofía y son únicos por su enfoque sencillo. Nunca ha sido tan fácil ni tan divertido comprender mejor la filosofía como con estos libros. Además, cada libro también incluye preguntas para que puedas profundizar en tus propios pensamientos y opiniones.

Títulos disponibles:

1. Filosofía griega: Vidas e ideales de los filósofos de la antigua Grecia: Sócrates, Platón, Protágoras y otros
2. Ética y Moral: Filosofía moral, bioética, retos médicos y otras ideas éticas

La serie de libros Empoderamiento para jóvenes empresarios.

Bienvenido a la serie de libros Empoderamiento para jóvenes empresarios. Nunca es demasiado pronto para que los jóvenes ambiciosos comiencen su carrera. Tanto si eres una persona con mentalidad empresarial que intentas construir tu propio imperio, como si eres un aspirante a empresario que comienza el largo y sinuoso camino, estos libros te inspirarán con las historias de empresarios de éxito.

Conoce sus vidas y sus fracasos y éxitos. Toma el control de tu vida en lugar de simplemente vivirla.

1. 21 empresarios de éxito: Las vidas de importantes personalidades exitosas del siglo XX: Elon Musk, Steve Jobs y otros
2. 21 emprendedores revolucionarios: La vida de increíbles personalidades del siglo XIX: Henry Ford, Thomas Edison y otros

La serie de libros de Historia fácil.

Bienvenido a la serie de libros de Historia fácil. Explora varios temas históricos desde la edad de piedra hasta los tiempos modernos, además de las ideas y personas influyentes que vivieron a lo largo de los tiempos.

Estos libros son una forma estupenda de entusiasmarse con la historia. Los libros de texto, áridos y aburridos, suelen desanimar a la gente, pero las historias de personas corrientes que marcaron un punto de inflexión en la historia mundial, son muy atrayentes. Estos libros te dan esa oportunidad a la vez que te enseñan información histórica importante.

Títulos disponibles:

1. La Primera Guerra Mundial, sus grandes batallas y las personalidades y fuerzas implicadas
2. La Segunda Guerra Mundial: La historia de la Segunda Guerra Mundial, Hitler, Mussolini, Churchill y otros protagonistas implicados
3. El Holocausto: Los nazis, el auge del antisemitismo, la Noche de los cristales rotos y los campos de concentración de Auschwitz y Bergen-Belsen
4. La Revolución Francesa: El Antiguo Régimen, Napoleón Bonaparte y las guerras revolucionarias francesas, napoleónicas y de la Vendée

Nuestros libros están disponibles en las principales librerías online. Descubra los paquetes digitales de nuestros libros aquí:
https://payhip.com/studentPressBooksES

Conclusión

Acabas de aprender sobre los dioses y diosas de la antigua Grecia. Esperamos que hayas disfrutado de este libro.

Es posible que empieces a notar algunos patrones en las historias y los personajes con los que te has topado. Sería una buena idea marcar estas páginas para poder consultarlas más adelante si lo necesitas. Para que recuerdes estas curiosas historias, te recomendamos que releas nuestro libro al menos una vez más, ¡Aún nos queda mucho por compartir contigo!

Cuando se trata de dioses, hay muchas perspectivas diferentes sobre lo que son o cómo debemos adorarlos. Las deidades griegas existen desde hace miles de años, y sus historias fueron contadas por escritores y artistas hace siglos. Por eso algunas de estas historias pueden ser tan extrañas, pero también nos hacen reír a veces.

¿Has leído esta lectura educativa? ¿Qué te ha parecido? ¡Háznoslo saber con una bonita reseña del libro!

Nos encantaría leer tus comentarios, así que no te olvides de escribir una.

CPSIA information can be obtained
at www.ICGtesting.com
Printed in the USA
LVHW041322310822
727261LV00011B/1076